La bombe et l'orchidée

DU MÊME AUTEUR

Histoire de Truite-Agile, Éditions Variétés, 1944.

Entretiens sur la vie, Éditions Beauchemin, 1953.

Le monde des plantes (en collaboration avec Auray Blain), Éditions du C.P.P., 1959.

Le sel de la semaine, entretiens télévisés avec Han Suyin, Jean Rostand, Michel Simon, François Mauriac, Louis Aragon et Gilles Vigneault (6 vols), Éditions Ici Radio-Canada et Éditions de l'Homme, 1969.

Les chemins de la science (en collaboration avec Bernard Sicotte), manuels scolaires, de la maternelle à la sixième année, adaptés de l'édition américaine (14 vols), Éditions du Renouveau pédagogique, 1970-1974.

Le sel de la science, Québec Science éditeur, 1980.

Fernand SEGUIN

La bombe et l'orchidée

LIBRE EXPRESSION

Données de catalogage avant publication (Canada)

Séguin, Fernand
La bombe et l'orchidée
ISBN 2-89111-328-4
1. Science. 2. Recherche. 3. Médecine. I. Titre.
Q158.5.S43 1987 500 C87-096323-6

Maquette de la couverture: France Lafond
Photo de la couverture: Mia & Klaus

Photocomposition et mise en pages: Imprimerie Gagné

Dépôt légal:
3e trimestre 1987

ISBN 2-89111-328-4

À Fernande,
ma première lectrice.

Avant-propos

L'ouvrage offert ici regroupe, sous une forme remaniée, des chroniques scientifiques diffusées par la société Radio-Canada dans le cadre de l'émission radiophonique *Aujourd'hui la science*. L'équipe de production comprenait le réalisateur Marcel Tremblay, l'assistante Louise Paquin et le lecteur Paul-Émile Tremblay; je désire les remercier chaleureusement.

Ma gratitude s'adresse également à Monique Blain-Hébert, qui a assuré la préparation du manuscrit définitif, ainsi qu'à l'équipe de production de Libre Expression, dirigée par Michelle Gélinas.

F.S.

La bombe et l'orchidée

Celui qui se donne pour objet de faire connaître l'activité scientifique contemporaine n'a, la plupart du temps, que l'embarras du choix: chaque année, des millions de publications originales sollicitent sa curiosité. Semblable à l'âne de Buridan, il ne sait plus à quel picotin se vouer. Ainsi, cherchant à commenter des recherches récentes sur la reproduction de l'orchidée, mon attention se trouve distraite par le problème de la bombe binaire.

Du côté de l'orchidée (genre *Catasectum*), on note une différence saisissante entre les fleurs femelles et les fleurs mâles, à tel point qu'on les avait rangées autrefois dans deux genres distincts. Les fleurs femelles, facilement reconnaissables, sont presque toutes identiques; les fleurs mâles présentent une grande diversité de formes et de couleurs. On en déduit que la pollinisation ne se fait pas au hasard.

La bombe binaire ne s'est pas faite non plus au hasard. Voilà vingt-cinq ans que l'Armée américaine y travaille, à un coût accumulé de soixante-quinze millions de dollars. C'est une bombe neurotoxique, destinée à paralyser le système nerveux des troupes ennemies. Elle est dite binaire parce qu'elle renferme deux agents chimiques qui, considérés isolément, sont inoffensifs mais dont le largage, derrière les lignes adverses, provoque le mélange et la libération subséquente de la neurotoxine. Mais la bombe ne fonctionne pas encore au goût des experts américains.

Du côté de l'orchidée, le mécanisme est d'une précision admirable. L'abeille qui pénètre dans une fleur mâle pour en recueillir le nectar se voit bombardée par un sac de pollen qui s'agglutine à son dos et l'incite à vouloir s'en débarrasser. Non pas sur une fleur mâle qui l'alourdirait davantage; mais sur une fleur femelle, identifiable par sa couleur spécifique.

Du côté de la bombe binaire, c'est le largage de l'engin qui pose le plus de difficultés, en dépit de l'optimisme des militaires; ils affirment que tout pourra s'arranger en augmentant le budget. Hélas, lorsque l'avion laisse tomber la bombe binaire, il arrive que la température s'élève trop rapidement; alors, le mélange se fait mal, il s'enflamme, et la bombe explose en plein ciel puis retombe honteusement au sol, vidée de tout agent neurotoxique. L'équivalent d'un pétard mouillé.

Du côté de l'orchidée, un second mécanisme assure que l'abeille, déjà chargée de pollen mâle, n'ira féconder qu'une seule fleur femelle. En effet, dès que l'abeille pénètre dans l'une de celles-ci et se libère de son pollen, l'organe sexuel de la femelle referme son orifice et devient imperméable à toute autre abeille. Le résultat global de l'opération, c'est qu'une seule fleur mâle féconde, par l'intermédiaire d'une abeille, une seule fleur femelle. Les caractères masculins et féminins ne se sont pas dispersés au hasard et la pureté de l'espèce est maintenue avec sa différentiation de formes et de couleurs caractéristiques.

Du côté de la bombe binaire, les pépins s'accumulent depuis un quart de siècle. Par exemple, la température interne de la bombe est un facteur critique au moment du largage; elle augmente la pression et peut faire exploser l'engin prématurément. Cela, le Pentagone le sait depuis 1966 et il a commencé à s'en occuper... en 1982, en ajoutant à la bombe un mécanisme destiné à ventiler son excès de gaz, ce qui ne sera pas possible dans le cas d'opérations militaires sur le terrain. Pire: en 1985, on a découvert qu'il n'y avait pas de senseur thermique à l'intérieur de la bombe, ce qui empêche d'en mesurer la température critique et de s'assurer que l'ennemi recevra sur la tête une bombe intacte, bien toxique pour le système nerveux.

Du côté de l'orchidée, le mécanisme spécialisé de la reproduction, mis au point pendant des millions d'années, fonctionne admirablement.

Du côté de la bombe binaire, le général qui la favorise a déclaré: «Elle est meilleure que les autres bombes de notre arsenal; nous ne pouvons pas nous en passer.»

Il est permis de préférer la fleur... au fusil.

Nourritures

Le carrousel des éléments nutritifs

Semblables à ces chevaux de bois qui, dans les manèges, font inlassablement leur tour de piste, les éléments nutritifs de notre alimentation reviennent périodiquement à l'avant-scène, et chaque fois volent la vedette à leurs prédécesseurs.

Dans les années trente, c'étaient les vitamines, récemment découvertes. On sait qu'elles sont nécessaires en très petite quantité, et qu'on les trouve en proportion suffisante dans une alimentation normale, bien équilibrée, à base de pain, de viande, de poisson, de légumes et de fruits frais, ainsi que de produits laitiers pour les vitamines A et D. Lorsque la publicité s'en est emparée, elle a prôné des suppléments vitaminiques qu'il fallait ingurgiter à tout prix, sous le prétexte fallacieux que, si c'était bon à petite dose, c'était encore meilleur à haute dose. Il en est résulté quelques cas d'intoxication par hypervitaminose, surtout pour la vitamine D, et beaucoup de gaspillage. Quant à la vitamine C, qui devrait inspirer la même prudence, et que certaines personnes consomment à dose massive, c'est une autre histoire qu'il faudra bien raconter un jour.

Après les vitamines vint le tour des éléments minéraux: le fer pour le sang, le phosphore pour le cerveau, le calcium pour les os, et puis les oligo-éléments, dont les vertus étaient d'autant plus célébrées qu'elles demeuraient mystérieuses. Leur vogue s'est estompée: on ne voit plus les réclames des «pilules rouges pour les femmes pâles et faibles», qui ne contenaient, à part le colorant symbolique, que du sulfate de fer à peu près impossible à assimiler. Le phosphore (ou plutôt le phosphate) est disparu de nos préoccupations, mais on le trouve heureusement dans tous les tissus animaux ou végétaux que l'on ingère. L'alimentation normale fournit tous les oligo-éléments minéraux, dont on retrouve la liste en supplément sur presque toutes les boîtes de céréales, alors que les fabricants devraient plutôt chiffrer le sucre dont certaines sont bourrées.

Glissons rapidement sur le cholestérol, le méchant cholestérol responsable de tous nos maux vasculaires, dont on avait oublié qu'il est synthétisé normalement par l'organisme, même si on s'abstient d'en manger. Surprises du tour de piste: on est en train de le réhabiliter avec d'infinies précautions.

Il faut quand même dire un mot des fibres alimentaires, des fibres végétales bien sûr, qui ne faisaient pas partie du manège il y a quinze ans et que l'on a mises en piste en affirmant qu'elles protégeaient l'organisme contre le cancer du côlon. On n'en est plus bien sûr, mais, en vertu de la philosophie précédente, on estime qu'il vaut mieux en avoir trop que pas assez. C'est ainsi que l'on a pu voir dans nos journaux le nom de la compagnie Kellogg's, multinationale de la céréale à fibres, associé à celui de la Société canadienne du cancer, dans une publicité conjointe, à l'imitation de ce qui se fait aux États-Unis. Soyons néanmoins indulgents puisque les fibres végétales, si elles ne possèdent aucune valeur nutritive pour l'espèce humaine, entraînent, par leur volume, une meilleure élimination intestinale.

Dans ce carrousel étourdissant pour ceux qui l'enfourchent, le plus récent cheval de bataille, c'est le calcium, évidemment nécessaire à la croissance et au maintien de la structure osseuse, et dont la principale source alimentaire se trouve dans le lait et dans les produits laitiers. Or, à mesure que l'on avance en âge, les os perdent de leur calcium, deviennent friables et sont sujets à des fractures. Cette déperdition osseuse, connue sous le nom d'ostéoporose, est particulièrement répandue chez la femme après la ménopause.

Il y a quelques années s'est établi un consensus au sein des chercheurs réunis par les Instituts américains de la santé. On conseillait de donner aux femmes ménopausées des suppléments quotidiens de calcium (de 1 000 à 2 000 mg par jour) afin de prévenir la perte calcique. La publicité s'en est mêlée et tout le monde s'est mis aux comprimés de calcium.

Au récent congrès de la Société américaine de recherches osseuses et minérales, on a présenté des études qui viennent infirmer tout ce qui avait été dit: les suppléments alimentaires de calcium n'ont aucune influence sur la déperdition osseuse; celle-ci ne dépend pas tellement du calcium que du niveau d'œstrogènes sanguins, lequel, on le sait, diminue après la ménopause. C'est donc des œstrogènes qu'il faudrait administrer, plutôt que du calcium, dont l'excès risque d'ailleurs de provoquer des calculs rénaux ainsi qu'une insuffisance de vitamine D. Ces travaux américains et danois ont été corroborés par des travaux similaires aux États-Unis, en Hollande et en Suisse.

Le cheval calcium va-t-il disparaître du carrousel? Bien malin qui pourrait le prédire car, après avoir enfourché le cheval (ou plutôt la jument) des œstrogènes, on s'est inquiété de leur potentiel cancérigène. Aux dernières nouvelles, on diminue les doses d'œstrogène, mais on maintient le calcium, à tout événement. On finira peut-être par reconnaître la vanité de vouloir lutter contre les inconvénients irréversibles de la vieillesse.

Entre la graisse et la fibre

Dans le domaine de la nutrition, la question la plus débattue depuis une décennie est sans doute de savoir s'il faut diminuer la consommation de matières grasses et relever la proportion des fibres végétales, afin de réduire les risques des affections cardiaques et du cancer du côlon.

Non satisfaits de promouvoir leurs thèses, les partisans de chacune des approches ont tendance à laisser entendre que leurs adversaires sont plus ou moins influencés par leur appartenance à des groupes d'intérêts ou par les subventions qu'ils reçoivent de telle entreprise agro-alimentaire.

Le débat, qui avait fait surface à quelques reprises depuis le début du siècle, a été relancé en 1976 à propos d'une recommandation d'un comité sénatorial américain visant à déconseiller la consommation des œufs et des viandes grasses ainsi qu'à promouvoir celle des céréales et des légumes frais.

La riposte de l'industrie des viandes ne tarda pas à se manifester, mettant le doigt sur les points faibles du rapport sénatorial, en particulier sur le contraste entre le caractère simplificateur des recommandations et la rareté des données scientifiques indiscutables à l'appui de leur thèse. «L'enthousiasme, disait l'un des critiques, a pris une longueur d'avance sur les faits.»

Au cours des années qui suivirent, on vit paraître un nombre imposant de travaux expérimentaux sur les animaux, d'études cliniques et de recherches épidémiologiques; plusieurs concluaient à l'influence défavorable des matières grasses et à l'influence bénéfique des régimes riches en fibres végétales, mais aucun n'apportait de réponse simple et précise à ces questions.

La vérité, c'est qu'il n'y a peut-être pas de réponses simples dans un domaine aussi complexe que celui de la nutrition; dans quelque domaine, en fait, qui se rapporte au déroulement de la vie, les travaux des chercheurs conservent la marque de ceux qui les ont effectués. Chacun d'entre eux, en dépit de sa conscience professionnelle, ne peut se défendre de moduler sa démarche intellectuelle en fonction de sa formation, de ses affinités et de ses préférences profondes.

Ainsi, dans le débat actuel, on retrouve des spécialistes de compétence indiscutable mais de tendances fortement contrastées: les traditionalistes et les activistes. Les premiers, appartenant à la génération de la crise économique, ont reçu leur formation à une époque où ne se retrouvait pas avec la même intensité qu'aujourd'hui le souci de lutter contre les afflictions de l'âge mûr: maladies cardiaques et cancer. On se préoccupait surtout de sous-alimentation. Dans cette optique, les traditionalistes, qui nous trouvent bien nourris, ont tendance à croire qu'avant de recommander des modifications importantes au régime alimentaire, il faut être bien assuré que les changements proposés soient étayés par des données expérimentales précises et concluantes, et que les résultats escomptés seront bien ceux que l'on espère.

Les activistes, par contraste, appartiennent à une génération plus récente, formée aux disciplines épidémiologiques. Ils ont donc tendance à voir dans les corrélations statistiques des éléments de certitude qui justifient leur action. De plus, leurs années d'apprentissage les ont mis en contact avec des individus suralimentés, dans les classes privilégiées de la société américaine. La sous-alimentation, ils ne la connaissent que par les souvenirs de leurs aînés; ce qu'ils craignent, c'est la suralimentation. À leurs yeux, la façon la plus expéditive d'en éviter les excès consiste à réduire l'apport calorique alimentaire, en commençant par les substances qui fournissent le plus d'énergie, c'est-à-dire les matières grasses. Recommandation d'autant plus raisonnable, selon eux, que les graisses ne sont pas généralement associées à des nutriments importants tels que les vitamines ou les sels minéraux. Leur réduction dans l'alimentation n'entraînera pas de déficience; quant aux fibres, associées naturellement aux fruits et aux légumes, elles procureront la satiété.

En s'inspirant du jugement de Salomon, on aimerait que le régime idéal comprenne, en deux parties égales, celui des activistes et celui des traditionalistes. Mais qui nous convaincra qu'il existe un régime idéal, nous dont l'alimentation est affaire de tradition, d'apprentissage, d'abdication devant la mode, et, parfois, de perversion?

La télévision alimentaire

La Bonne Peinture, c'est le titre d'une nouvelle de l'excellent écrivain Marcel Aymé, qui se déroulait sous l'Occupation et qui mettait en scène un pauvre bougre famélique. Ce dernier, pour tromper l'ennui et la fringale, se mit à fréquenter les galeries de tableaux. Un jour, un miracle inattendu se produisit, comme cela n'arrive que dans les nouvelles de Marcel Aymé: après avoir contemplé pendant une demi-heure une nature morte représentant un pot-au-feu, le spectateur affamé ressentit comme une impression de satiété. Le lendemain, tombant en arrêt devant un cassoulet peint sur toile, il fut rassasié pour la journée. À force de fréquenter les galeries d'art, il devint obèse en dépit des restrictions alimentaires de l'époque. Le bienheureux avait découvert la peinture alimentaire.

La nouvelle de Marcel Aymé m'est revenue en mémoire en lisant le compte rendu d'un symposium très sérieux qui s'est tenu à Washington sous les auspices de l'Institut national de l'enfance. Il y a été beaucoup question de l'obésité chez les enfants, et l'un des experts invités a apporté sa contribution à l'étude de ce que l'on pourrait appeler «la télévision alimentaire».

Cet expert, le docteur William Dietz, du New England Medical Center de Boston, affirme en effet: «Il existe une relation très forte, et significative, entre l'habitude de regarder la télévision et le développement de l'obésité chez l'enfant et l'adolescent.» Selon Dietz, les enfants mangent davantage en regardant la télévision, et ils consomment plusieurs des produits alimentaires qui y sont annoncés, donc des produits riches en calories. De plus, les vedettes de la télévision (sauf les comiques) sont généralement des personnes minces, de sorte que le message subliminal qu'elles vous proposent est que vous pouvez demeurer svelte quoi que vous mangiez. Dietz ajoute, pour couronner sa thèse, que les longues séances devant la télévision, propices à l'inactivité, diminuent la dépense calorique et favorisent l'embonpoint.

Évidemment, l'habitude de la télévision n'explique pas toute l'obésité. On a identifié, au cours de ce symposium, des facteurs prédisposants qui sont manifestes dès l'orée de l'adolescence et que l'on peut déceler même chez les bébés. Il semble que l'établissement de l'obésité résulte d'un mécanisme à déclenchement très lent lié à une disposition génétique donnant lieu à un excès du nombre de cellules graisseuses par rapport à la normale. Il en résulte de beaux bébés potelés, dont certaines mères sont, paraît-il, très fières, y trouvant la preuve de leur sollicitude maternelle; plus tard, si la tendance à l'embonpoint n'est pas combattue, les bébés joufflus deviendront des adultes trop gros, surtout si la télévision y contribue.

Deux constatations intéressantes se dégagent de ce symposium, sur lesquelles on n'avait pas auparavant attiré suffisamment l'attention. La première concerne la lutte contre l'obésité précoce. Les résultats, estime-t-on, seront d'autant plus efficaces que le traitement aura été institué le plus tôt possible dans l'enfance; alors, l'effet rebond sera généralement évité. À l'adolescence, il est déjà presque trop tard pour vaincre l'obésité. La seconde constatation ne s'adresse pas seulement aux enfants mais aussi aux adultes, surtout à ceux dont l'existence alterne entre cures d'amaigrissement et reprises de poids. Plus on multiplie les périodes de cure, plus il est difficile de perdre du poids au cours des cures successives et plus il est facile d'en regagner après chacune. Les partisans des régimes à répétition livrent donc une bataille dont les victoires deviennent plus éphémères et les rechutes plus brutales.

Malheureusement, nous vivons dans une société au sein de laquelle l'idéal de minceur, imposé par la publicité, est devenu tyrannique au point de rendre coupables ceux et celles qui ne peuvent s'y conformer. «Vous n'avez pas le droit d'être obèses, semble-t-on leur répéter, vous n'aimez pas cela, vous ne vous sentez pas bien, et l'obésité peut vous tuer prématurément.»

Les personnes obèses, troublées dans leur sérénité par la pression sociale qui s'exerce sur elles, devraient regarder en face la réalité: l'obésité est une maladie chronique, tout comme le diabète. Les cures amaigrissantes à répétition ne feront qu'aggraver leur condition. Elles n'ont d'autre recours que la soumission quotidienne à un régime équilibré, d'une teneur calorique réduite, établi de façon à maintenir leur poids actuel, sans trop d'épisodes de punition ni de gratification. Le reste est affaire d'acceptation de soi, plus facile à conseiller qu'à pratiquer.

La gourmandise et la dépression

Si l'on en croit les images que nous ont laissées certains tableaux de Bosch ou de Brueghel, ou encore les récits de Rabelais et de ses imitateurs, ou même le film récent intitulé *La Grande Bouffe,* les gourmands sont des individus qui manifestent un grand appétit de vivre et un penchant vers la bombance, la ripaille et les plaisirs charnels, à rendre jaloux les faméliques et ceux que l'on surnomme les petites fourchettes. Mais la réalité, semble-t-il, s'accorde mal à cette représentation.

Lors d'un récent congrès sur la nutrition tenu à l'Académie des sciences de New York, des chercheurs ont émis l'hypothèse que certains gros mangeurs, formant une catégorie à part, cherchaient dans la nourriture un remède à leur dépression. Cette catégorie de gros mangeurs est surtout avide de sucreries; leur visage demeure sombre si on leur offre à manger uniquement des protéines ou des graisses; par contraste, un apport massif de nourriture sucrée (desserts, confitures, chocolats) les met temporairement d'excellente humeur.

L'explication, paraît-il, tiendrait à l'influence des sucres sur la synthèse, par le système nerveux central, d'un neurotransmetteur nommé sérotonine dont l'absence est étroitement liée aux états dépressifs. Tout se passe comme si cette catégorie de gros mangeurs, que l'on pourrait appeler les «sucromanes» et qui constituent la moitié de la population obèse, se jetaient littéralement sur les sucreries afin de ressentir les effets euphorisants de la sérotonine synthétisée par le cerveau à partir des sucres.

Cette relation entre la gourmandise et l'humeur se trouve confirmée par les travaux d'un autre groupe de chercheurs rattachés à l'Institut américain de la santé mentale. Ces derniers ont étudié un groupe de sujets souffrant de désordres affectifs saisonniers, des individus qui réagissent de façon exagérée aux changements de saison: ils deviennent déprimés, léthargiques et renfermés sur eux-mêmes au cours de l'hiver; à l'arrivée du printemps et de l'été, leur humeur s'améliore et ils se montrent plus actifs. Les deux tiers de ces personnes se gavent de sucreries et prennent du poids au cours de l'hiver; elles reviennent à un régime et à un poids plus normaux au retour des beaux jours.

Dans le même ordre d'idées, des recherches intéressantes ont été effectuées en France sur certains médicaments antidépresseurs, dont on sait qu'ils augmentent la production de sérotonine par les cellules nerveuses. On pourrait donc s'attendre à ce qu'ils atténuent l'appétit pour les sucres et l'augmentation de poids résultante. Cet effet ne se retrouve pas avec les antidépresseurs les plus connus, tel l'imipramine, lequel provoque au surplus une rétention d'eau. Mais avec une nouvelle série d'antidépresseurs, du type fenfluramine, on a pu observer, chez les gros mangeurs de sucreries, une diminution de l'appétit et une baisse de la consommation relative de sucres. Administrée durant l'hiver à ces dépressifs saisonniers que l'on vient d'évoquer, la fenfluramine allège également la fringale de sucre et les symptômes de la dépression. On voit bien par ces travaux que l'obésité saisonnière n'est pas seulement le résultat d'une simple opération de type comptable entre le nombre de calories ingérées et le nombre de calories brûlées.

Manger, ce n'est pas seulement se nourrir, mal ou bien, trop ou trop peu; c'est intervenir quotidiennement dans l'image que l'on se fait de son propre corps. C'est une fonction qui touche à ce que nous avons de plus intime.

Celui qui se gave au XXe siècle ne ressemble guère, même au point de vue de l'humeur, à son ancêtre du XVIIe: ce dernier, à moins d'être un des rares privilégiés de la fortune, ne mangeait même pas ses trois repas par jour; on comprend que la perspective d'une ripaille le remplissait de joie et pouvait inspirer les peintres à l'occasion. On verrait mal de nos jours un peintre fixer sur la toile l'allégresse d'un mangeur de Big Mac, sauf dans les messages publicitaires.

L'anorexie: le mot, la chose et le traitement

L'anorexie vient de recevoir une promotion équivoque de la part du monde médical. On l'avait appelée autrefois, par pudeur, *anorexia nervosa,* puis anorexie nerveuse afin d'être plus clair; on vient maintenant de la baptiser anorexie mentale. Passer de maladie nerveuse (donc noble) à maladie mentale (donc honteuse), c'est affaire d'étiquette, de décision prise en comité. Mais le symptôme majeur, l'angoisse liée à l'acte de manger, demeure le même; le traitement, comme on le verra plus loin, s'inspire davantage du régime militaire que du régime alimentaire.

Puisque l'occasion s'y prête, il faut dénoncer cette étrange manie de changer sans raison les mots de la tribu et de pervertir le vocabulaire français, aussi bien au Québec qu'à Paris. Pour s'en tenir aux seules expressions qui escortent les questions liées à la santé et à la maladie, la santé fait maintenant partie des affaires sociales; il n'y a plus de malades, seulement des bénéficiaires (et, avec un mot pareil, ils n'ont plus droit de se plaindre); les sourds sont devenus des malentendants, les hospices ont disparu au profit des centres d'accueil et les anciens asiles d'aliénés s'appellent maintenant des centres de santé mentale. Le recours au néologisme fait désormais partie de l'arsenal thérapeutique.

La langue, autrefois jaillie des sources vives du peuple, est devenue la chasse gardée des gens à diplômes et, pis encore, des technocrates qui ne reculent devant aucun néologisme pourvu que personne, sauf un petit groupe d'initiés, n'en connaisse la signification. Les partisans de l'avant-garde dans le domaine du vocabulaire paraissent oublier que l'avant-garde, c'est du démodé en voie de formation.

Pour l'anorexie, la perversion du vocabulaire a joué en sens inverse. Nerveuse, on pouvait espérer la traiter par des calmants ou par l'éducation des habitudes alimentaires; mentale, elle entre dans la catégorie des aberrations justiciables de l'internement. On a pourtant reconnu depuis longtemps que les modifications physiologiques et les troubles psychologiques ne formaient qu'un seul réseau. On a même créé une nouvelle discipline, la psychosomatique, dont l'objet précis consiste à étudier les interactions de l'âme et du corps. L'âme et le corps, hélas, sont devenus des mots démodés et la psychosomatique, comme telle, n'est plus subventionnée par l'État.

Qu'arrive-t-il aux anorexiques, malades de la chose et malades du mot? Voici des jeunes femmes, la plupart affligées dès l'adolescence, chez qui l'angoisse relative à la nutrition amène un amaigrissement parfois extrême, avec troubles menstruels et faible développement des caractères sexuels secondaires. Plusieurs d'entre elles finissent par ressembler à ces femmes longilignes, mannequins de profession, symbolisant dans toutes les revues de mode l'idéal d'élégance de la société occidentale. Paradoxalement, ces malades de la nutrition présentent la silhouette que s'efforce d'atteindre la majorité des femmes de notre époque; ces dernières se désolent d'engraisser et se plaignent de ce que les régimes amaigrissants ne leur réussissent pas. Leur attitude à l'égard des femmes trop sveltes est un mélange de pitié, d'envie et d'hostilité: elles les exhortent à manger et pleurent en secret de ne pouvoir leur ressembler.

Ainsi, l'anorexique, malade comme les autres, présente cette particularité de déclencher l'hostilité au sein de sa famille (de sa mère, en particulier) et de ses amies. De quoi souffre-t-elle, puisqu'elle n'a qu'à manger? De quoi se plaint-elle, puisqu'on cherche à l'imiter?

Confiée à un médecin traitant, l'anorexique risque d'être considérée comme une délinquante, coupable au premier chef de ne pas savoir acquérir ou conserver un poids acceptable. C'est du moins ce qui ressort d'un article récent, signé par deux professionnels québécois. La cible, c'est le poids: le poids actuel, le poids antérieur (estimé par les proches et surtout par la mère) et le poids idéal, établi selon les tables statistiques des compagnies d'assurances. On va évidemment constituer un dossier en tenant compte des antécédents familiaux et de l'histoire menstruelle, et en cherchant à savoir (comme s'il s'agissait d'un péché) si la malade mange en cachette. Au terme de l'examen, le médecin va fixer à l'anorexique un poids au-dessous duquel elle ne devra pas maigrir; il va lui imposer un régime engraissant et procéder à une vérification hebdomadaire du poids, la malade étant nue pour éviter toute manipulation (sic). L'anorexique est prévenue: si elle ne maintient pas le poids requis, elle sera hospitalisée. De force, si la chose est nécessaire. Que va-t-on lui faire, à l'hôpital? L'article, hélas, ne le dit pas. Mais il conclut en affirmant que neuf anorexiques sur dix sont fonctionnelles. Ce qui est une façon de dire qu'on ne connaît pas les causes de leur maladie.

Il existe des balances pour le poids corporel; il n'en existe pas pour le poids de l'angoisse.

Pollutions

La pilule Tchernobyl

Jusqu'à ces temps derniers, le mot Tchernobyl, s'il était parvenu à nos oreilles, aurait pu évoquer le nom d'un médicament contre les malaises hépatiques, comme l'Agobyl; désormais, Tchernobyl symbolisera surtout une pilule difficile à avaler.

Un accident nucléaire, dans un pays avare de renseignements immédiats, comme le sont tous les pays qui possèdent des centrales nucléaires, étend sur l'opinion mondiale un nuage malsain alimenté par l'Ignorance et la Peur, ces deux nouveaux Cavaliers que l'ancienne Apocalypse avait oublié de faire galoper aux côtés de la Peste, de la Famine, de la Guerre et de la Mort.

Tchernobyl nous a fait comprendre que la fausse sécurité des frontières, des frontières européennes en ce cas précis, était menacée par les nuages radioactifs, heureusement moins lourds de radiations qu'on ne l'avait prédit au début. Mais sait-on jamais? Comment se déroulera la prochaine catastrophe?

Justement, on ne sait jamais: ni avant, ni pendant, ni après. Avant, le silence infini des espaces interatomiques n'effraie personne, car la possibilité de l'extinction de l'espèce humaine fait désormais partie de la vie quotidienne; pendant la catastrophe, il est impossible de connaître exactement l'ampleur des dégâts, car l'intensité des radiations au cœur de la centrale accidentée interdit toute mesure à l'intérieur d'une zone dont le périmètre varie selon cette intensité. Enfin, après l'accident nucléaire, on ne peut même pas connaître le nombre des victimes car il faudrait compter celles qui sont tuées sur le coup, celles qui mourront dans les jours et les semaines qui suivent, et les autres, les anonymes, y compris les fœtus irradiés dans le sein de leur mère, qui succomberont plus tard à quelque cancer ou à quelque déficience immunitaire.

C'est une ignorance du même ordre, cyniquement entretenue par des intérêts puissants, qui fait croire à une différence d'espèce entre l'énergie nucléaire militaire, celle des bombes, et l'énergie nucléaire pacifique, celle des centrales. En fait, le danger nucléaire n'est qu'une question de degrés: entre la réaction explosive et la réaction contrôlée, la différence réside essentiellement dans la vitesse des neutrons, amortie dans les centrales par l'eau lourde, le graphite ou d'autres substances appropriées. Ainsi l'explosion potentielle des centrales fait place à une explosion à vitesse extrêmement réduite dont l'énergie est utilisable. À la condition qu'il n'y ait pas d'emballement.

Passées les alertes de Windscale en 1957, de Three Mile Island en 1979 et de Tchernobyl en 1986, est-il possible d'estimer les risques éventuels dans les centrales nucléaires existantes et dans celles que l'on construit encore, quoique avec moins d'enthousiasme? Les hasards de la lecture ont placé sous mes yeux, au moment où se déroulait le drame de Tchernobyl, un rapport relatif à l'évaluation des risques nucléaires, rapport commandé et commandité par l'industrie américaine des centrales nucléaires à la suite de l'accident de 1979 à Three Mile Island, lequel avait amené l'évacuation précipitée de 250 000 personnes. Ce rapport de 1980 concluait que le risque nucléaire était moins considérable qu'on ne l'avait estimé; il recommandait un relâchement des mesures de protection.

En 1986, sept années après l'accident de Three Mile Island, la Commission américaine de réglementation nucléaire a publié une nouvelle étude destinée, nous disait-on, à estimer les risques futurs. Cette étude a été revue par un comité de l'Association américaine de physique, qui a refusé de l'endosser, invoquant que certaines données de base étaient fausses ou incomplètes, que le nombre élevé d'inconnues rendait impossible l'évaluation scientifique des risques et qu'on ne saurait avoir confiance dans les résultats de l'étude. La Commission américaine de réglementation nucléaire, devant ce désaveu, a fait savoir qu'elle attendrait un climat plus favorable avant de faire ses recommandations optimistes. La candeur se trouve souvent là où on ne la cherchait pas... et Tchernobyl ne fera rien pour rendre le climat plus favorable à ces messieurs de la Commission.

S'il est permis de rêver quelques instants, on peut imaginer une histoire de l'évolution humaine qui serait axée sur l'ébullition de l'eau. Voici l'homme préhistorique, lassé de faire cuire ses aliments sur une pierre plate ou à la broche et qui s'avise de les faire bouillir dans l'eau d'une marmite rudimentaire: c'est l'invention de la soupe et du ragoût. Le temps passe très vite, comme dans les rêves, et l'on se retrouve au XVIIIe siècle avec Denis Papin, devant une marmite d'eau bouillante dont le couvercle se soulève sous l'effet de la pression de vapeur. Quelques années plus tard, James Watt transforme la marmite de Papin en chaudière à vapeur; puis viennent les locomotives et les moteurs à vapeur, qui amorcent la révolution industrielle et le progrès sans nuage. Plus près de nous, on s'avise que la vapeur sous pression peut également faire tourner une turbine et générer de l'énergie électrique.

De progrès en progrès, de raffinement en raffinement, nous avons à peu près abandonné le charbon au profit de l'uranium; les centrales thermiques ont fait place aux centrales nucléaires génératrices de vapeur.

Plus tard, beaucoup plus tard, lorsqu'on écrira cette histoire, on trouvera peut-être extrêmement cocasse que l'homme ait inventé un moyen aussi coûteux, aussi complexe et aussi dangereux que l'énergie nucléaire... pour faire bouillir de l'eau.

Les nouveaux Cavaliers de l'Apocalypse

Depuis l'avènement de la bombe nucléaire et surtout de la bombe thermonucléaire, les mouvements pacifistes ont brandi la menace de l'anéantissement, dans l'espoir que la perspective de voir sauter la planète mette un frein à la folie meurtrière des hommes. On peut se demander si cette vision apocalyptique, louable dans ses intentions, a donné les résultats escomptés.

À la réflexion, on se rend compte que les forces susceptibles de faire éclater la planète sont d'un tout autre ordre de grandeur que celles qui pourraient être déclenchées par l'arsenal nucléaire existant. À force d'exagérer le danger, on risque que les gens finissent par ne plus y croire. Il en était ainsi pour les tourments de l'enfer que l'on énumérait lorsque nous étions enfants: à trop les accumuler, on semait le scepticisme.

Depuis quelques années, les scénarios de la catastrophe nucléaire se sont polarisés autour de thèmes plus précis, mais dont la multiplication risque d'engendrer des effets pervers. Ainsi, aux conséquences relativement limitées dans l'espace, comme les radiations et la chaleur mortelles à des dizaines de kilomètres à la ronde, on a ajouté récemment des effets à long terme tout aussi horrifiants.

Le plus connu de ces scénarios de l'horreur est l'œuvre d'un groupe de scientifiques américains, parmi lesquels figurait en bonne place l'astronome Carl Sagan. Ces spécialistes ont décrit ce qu'il est convenu d'appeler l'hiver nucléaire, c'est-à-dire un refroidissement des zones tempérées de notre hémisphère, de l'ordre de quarante à cinquante degrés Celsius, qui durerait au moins six mois. Ce refroidissement se produirait à cause de l'accumulation des poussières et de la suie provoquée par la combustion des habitations et des forêts; le rayonnement solaire en serait fortement diminué. Si les explosions nucléaires survenaient à l'automne ou au début de l'hiver, la chute de température de l'atmosphère rendrait toute vie humaine impossible, même si les victimes n'avaient pas été touchées par les bombes, d'autant plus que les sources de chauffage, gaz, huile et charbon, auraient été elles aussi détruites en quasi-totalité.

Un autre scénario, proposé en 1984, est venu ajouter au spectre du froid mortel celui de la famine. La guerre thermonucléaire, en plus de détruire par le feu une partie du bétail, de la volaille et des récoltes entreposées, rendrait impossible toute culture céréalière et tout élevage des animaux survivants, au cours de l'hiver nucléaire subséquent.

Il est difficile de noircir davantage le tableau: les villes rasées ou partiellement démolies, les canalisations détruites, l'électricité en panne, et si, par hasard, les grands barrages du Nord québécois étaient atteints, un raz-de-marée gigantesque déferlant le long de la vallée du Saint-Laurent jusqu'à Montréal et au-delà.

On vient de trouver le moyen de dramatiser davantage cette Apocalypse: les nouveaux Cavaliers font partie de l'Institut de médecine de Washington et se sont réunis récemment pour dresser l'inventaire des catastrophes nucléaires éventuelles. Ainsi, ils ont agité le drapeau noir du sida: selon eux, l'effet combiné des radiations, des brûlures, de la malnutrition et du stress pourrait affaiblir le système immunitaire et favoriser une épidémie de sida; ils rappellent que les ressources médicales, infirmières et thérapeutiques seraient presque anéanties dans les grandes villes, créant ainsi une panique qui multiplierait celle du feu nucléaire.

Ils nous apprennent aussi, ce qui avait été jusqu'à maintenant confidentiel, qu'on ne pourrait guère se fier à ceux qui, au sein des armées terrestres, aériennes ou navales, seraient chargés d'assurer la défense et la riposte. Ces gens-là sont, paraît-il, particulièrement fragiles, fréquemment sujets à l'angoisse et à la dépression, qu'ils essaient de combattre par l'abus de l'alcool et des drogues. Chaque année, cinq mille militaires américains, surtout parmi ceux qui sont préposés au lancement des fusées nucléaires, doivent être, comme on dit dans le jargon du Pentagone, «désaffiliés», c'est-à-dire retournés à la vie civile.

Afin de diffuser cette information auprès du public, l'Institut de médecine de Washington projette de publier un livre d'images du genre bande dessinée. Je ne suis pas sûr que l'ouvrage va passionner les enfants: ils auront le sentiment d'avoir déjà vu tout cela à la télévision.

La pollution du vide interplanétaire

La pollution de l'eau a commencé à inquiéter quelques scientifiques québécois au début des années quarante, mais ils ont prêché en vain jusqu'à ce que le phénomène devienne à peu près irréversible. Le même cri d'alarme a été lancé plus récemment à l'égard de la pollution des sols et de la pollution de l'air, notamment par les pluies acides, mais les gouvernements se contentent le plus souvent de demi-mesures ou de gestes symboliques: formation de comités, démolition à grands frais des maisons construites sur d'anciens dépotoirs toxiques, ou transport à distance des résidus empoisonnés, ce qui signifie changer le mal de place. Aucune politique cohérente à long terme, et pour cause: le parti politique qui se ferait le champion de l'assainissement et en dévoilerait les coûts réels n'arriverait pas à rallier la majorité des suffrages.

L'air, l'eau et la terre étant désormais souillés, la virginité est même en voie de disparaître des espaces interplanétaires, où tournent les satellites artificiels. Avec les préparatifs de ce qu'on nomme maintenant la guerre des étoiles, dont l'objectif consiste à faire exploser en vol les missiles ennemis en lançant à leur rencontre d'autres missiles guidés par des rayons laser, les explosions dans l'espace risquent de transformer celui-ci en une zone infernale. On pourra difficilement se consoler à la pensée qu'il s'agit là de technologies de pointe et que les risques d'accident, en pareil cas, sont réduits à zéro ou presque. Au contraire, toute l'histoire récente de la technologie de pointe nous indique

que les probabilités de catastrophe augmentent avec la complexité des engins.

Dans le cas de la guerre des étoiles, en voici une illustration éloquente. Les Américains (les Russes également) utilisaient jusqu'à maintenant comme cibles spatiales des objets inertes, sortes de pigeons d'argile de l'espace. Il y a quelque temps, les Américains ont décidé de choisir comme cible un authentique satellite en orbite autour de la Terre, un satellite déchet, le P 78-1, lancé en 1979. Au lendemain de l'expérience, le secrétaire américain à la Défense s'est déclaré enchanté du succès de l'opération; il a ajouté que la destruction réussie du satellite P 78-1 constituait un grand pas en avant dans la poursuite des objectifs de la guerre des étoiles. Cette jubilation n'a pas été partagée par les chercheurs du Laboratoire de recherches navales de Washington et par ceux de l'Université de Californie; ils ont fait part de leur frustration en conférence de presse, et personne n'a eu envie d'applaudir.

C'est que le satellite P 78-1, que l'on disait inerte, renfermait en réalité un laboratoire scientifique spatial en pleine activité, équipé en particulier d'un coronographe, c'est-à-dire d'un télescope spécialement conçu pour étudier la couronne solaire, ce halo formé par les gaz incandescents expulsés du Soleil; ces derniers provoquent les orages magnétiques et perturbent périodiquement les communications radiophoniques, d'où l'importance de les étudier. Depuis son lancement, le satellite P 78-1 transmettait constamment des données précieuses sur la physique solaire; il avait même permis la découverte de comètes jusqu'alors inconnues.

Les technocrates de l'Armée américaine ont rétorqué que le satellite explosé avait en définitive terminé sa vie utile et que la centaine de millions de dollars perdus était insignifiante en regard de la sécurité future du pays. Quant à remplacer le P 78-1, il n'en est pas question: cela coûterait trop cher et il faudrait attendre au moins dix ans avant de franchir la barrière administrative. Les nostalgiques pourront se consoler en observant au télescope les débris du P 78-1; on dénombre une centaine de fragments qui présentent d'ailleurs un danger extrême aux futurs satellites éventuellement lancés dans leurs parages.

Plus les préparatifs de la guerre des étoiles se multiplieront, d'un côté comme de l'autre, plus l'espace interplanétaire deviendra encombré. On ne pourra bientôt plus y lancer sans risque des fusées intercontinentales. Dans les tragédies classiques, la guerre se terminait faute de combattants; la guerre de demain ne pourra peut-être pas commencer faute de champs de bataille. À moins qu'on n'en revienne à l'arbalète de nos aïeux.

La mort au compte-gouttes

Au lieu d'accéder à l'ère du Verseau et de la félicité terrestre, comme on nous l'avait promis, nous sommes entrés dans l'ère des inquiétudes. À peine avions-nous commencé à prendre conscience de notre environnement, ainsi qu'un citadin découvre soudainement les étoiles un soir d'été à la campagne, nous avons appris que cet environnement était menacé par de nouvelles pollutions.

La pollution traditionnelle, c'était l'égout à ciel ouvert ou le poisson mort; aujourd'hui, c'est la M.I.U.F., les déchets toxiques, les B.C.P., les gaz d'échappement des automobiles, les fumées des cheminées industrielles. L'air que l'on respire, l'eau que l'on boit, le sol sur lequel on bâtit sa maison sont devenus des ennemis insidieux: ils nous menacent d'allergies, de maladies respiratoires et parfois de cancer. Les nouveaux polluants nous effraient d'autant plus que nous ignorons leurs effets précis; nos paniques indécises changent de cap selon le dernier bulletin de nouvelles.

Lorsqu'elle n'est pas sollicitée par le spectre du sida, l'inquiétude, par les temps qui courent, se tourne vers les pluies acides, dont on redoute les effets sur les lacs et sur les forêts du Nord-Est de l'Amérique du Nord. On en a beaucoup discuté; des voix canadiennes se sont élevées pour affirmer que l'industrie américaine était la plus grande émettrice d'oxydes d'azote et de soufre, lesquels se transforment dans l'atmosphère en acide nitrique et en acide sulfurique; ces acides, incorporés à la pluie ou à la neige, retombent au sol et entraînent les effets néfastes que l'on attribue aux précipitations acides. On a parlé de la mort lente des forêts, de la mort des lacs et de la disparition des poissons, mais, dans la hâte d'accabler les Américains, on a pudiquement fait silence sur les sources de précipitations acides en provenance des régions industrielles de l'Ontario. Le même accès de pudeur a fait oublier les millions d'automobiles canadiennes dont les gaz d'échappement contribuent de façon notable aux précipitations acides.

Il n'est pas nécessaire de relire la fable de La Fontaine *Le Loup et l'Agneau* pour prédire que le différend canado-américain va traîner en longueur. Dans un premier temps, les Américains affirment avec insistance que les effets des précipitations sont trop incertains pour faire l'objet d'une législation. Dans un deuxième temps, on essaiera de partager les responsabilités des deux pays. Dans un troisième temps, l'agneau canadien sera peut-être mangé.

Pour l'instant, une commission américaine, œuvrant dans un silence diplomatique, en est à s'interroger sur les effets des précipitations acides. On aimerait porter à son attention les résultats d'une expérience canadienne concluante, qui viennent d'être révélés.

Un groupe de chercheurs, subventionné par le ministère canadien des Pêcheries, a étudié pendant huit années d'affilée un petit lac à truites situé au nord-ouest de l'Ontario, au cœur de la forêt boréale vierge, un lac d'environ vingt hectares, que les scientifiques ont délibérément acidifié — on pourrait dire au compte-gouttes — en y déversant de l'acide sulfurique en quantité telle que, chaque année, l'acidité du lac devenait dix fois celle de l'année précédente.

Jamais une étude scientifique aussi fouillée, aussi étendue dans le temps, ne s'était faite auparavant sur un lac. Toutes les composantes chimiques, toutes les espèces animales et végétales, de la truite mouchetée jusqu'au plancton microscopique, tous les éléments de ce milieu complexe et dynamique qu'on appelle un écosystème ont fait l'objet d'une étude qualitative et quantitative de trente-deux saisons, afin de décrire la lente dégradation d'un lac perturbé par l'acidité croissante de son milieu.

Les résultats sont étonnants à plus d'un titre. La première saison, rien ne semble se passer. C'est que les changements, au cours de la première année d'acidification, sont tellement complexes et tellement subtils qu'il est impossible de les déceler sans un examen minutieux. Le stress de l'acide, s'il est présent, manifeste ses effets de façon sournoise: des espèces microscopiques se raréfient, d'autres prolifèrent; la chaîne alimentaire se modifie mais la quantité de biomasse ne varie guère. Au cours des deux années subséquentes, les poissons ne paraissent pas indûment incommodés.

Après quatre ans, certaines espèces disparaissent brusquement: le plancton, les écrevisses, les «ménés», puis les jeunes truites, cannibalisées par les truites adultes. Dans chacun des cas, ce sont les systèmes de reproduction qui s'écroulent les uns après les autres, ne laissant survivre que les individus âgés.

Aujourd'hui, il n'y a plus dans le lac que de vieilles truites décharnées. D'ici dix ans, lorsqu'elles seront mortes à leur tour de vieillesse ou de famine, il n'y aura plus de poissons, plus d'espèces visibles. Le lac sera mort. Tel est le scénario de l'extermination lente par l'acide. D'autres mécanismes amorcés par les précipitations acides détruiront lentement les forêts.

Que personne ne dise: «Après moi le déluge!» car le déluge est sur nos têtes.

La biotechnologie pervertie

La biotechnologie est devenue une mode et presque un programme politique. Tout le monde parle des biotechnologies, que l'on confond parfois avec l'utilisation des énergies douces, comme offrant des solutions à tous les maux de notre environnement. L'accueil enthousiaste réservé au néologisme fait oublier que la plupart des biotechnologies sont vieilles comme le monde: fabriquer du pain, du vin ou du fromage, se chauffer au bois, c'était recourir à des biotechnologies. On oublie également que ce qui est biotechnologique n'est pas nécessairement bénéfique pour le milieu, ainsi qu'en témoigne l'histoire suivante survenue à Hawaï.

Au cœur de l'histoire, trois éléments: une forêt tropicale privée, d'une superficie de deux mille hectares; sa propriétaire, une société qui porte le nom de Bio Power; enfin, une brochette de botanistes, d'écologistes et autres amoureux de la nature associés à l'Université d'Hawaï.

La société Bio Power fait dans la biotechnologie: elle alimente en copeaux de bois une centrale thermique voisine qui produit de l'électricité pour les besoins de la région. La forêt, propriété de Bio Power, est surtout dominée par des arbres à bois dur de la famille des myrtes, des arbres plus que centenaires qui atteignent facilement trente mètres de hauteur sur un mètre de diamètre. La société Bio Power exploite cette forêt de deux mille hectares grâce à des déchiqueteuses géantes qui vous agrippent un arbre de trente mètres, le scient au ras du sol et le réduisent en petits copeaux en l'espace de trente secondes. C'est de la biotechnologie assistée. À ce rythme, la forêt sera rasée en quelques années. Il est d'ailleurs prévu qu'une fois déboisé le territoire sera transformé en pâturage, sans doute pour y élever du bœuf destiné à la viande hachée.

Depuis le début des opérations, les écologistes ont essayé d'exercer des pressions sur Bio Power afin que cesse l'abattage. Leur porte-parole, le professeur Dombois, s'est vu répondre par le président de Bio Power que son entreprise exigeait au préalable la preuve formelle que l'abattage entraînerait un dommage irréparable. Dombois fit valoir que la forêt constituait la dernière réserve naturelle de la flore hawaïenne à basse altitude. Bio Power consulta alors un autre botaniste, le professeur Lamoureux, qui confirma l'opinion de Dombois.

Depuis, les négociations ont abouti à l'impasse. Les écologistes exigent que Bio Power respecte ses engagements, mais la société attend toujours la démonstration formelle de ses torts. Elle se retranche derrière l'argument que la propriété exploitée est un terrain privé, lequel échappe donc aux lois de protection de l'environnement promulguées par le gouvernement américain pour son territoire continental. Elle considère, en toute bonne foi, l'État d'Hawaï comme un pays du Tiers-Monde. Il est significatif d'ailleurs de constater que l'organisme officiel chargé de la conservation à Hawaï n'ait pas encore élevé la voix dans ce débat. L'électricité continuera d'être produite à même le bois de la forêt, jusqu'à épuisement. Il n'y a de pire bonne foi que celle qui est feinte.

La destruction d'une forêt tropicale de deux mille hectares dans un coin perdu de l'océan Pacifique n'empêchera personne de dormir. Mais lorsqu'on aura appliqué le même traitement à l'ensemble de la biomasse tropicale, comme on a commencé à le faire, l'humanité se trouvera confrontée à des problèmes climatiques irréversibles, à l'échelle planétaire.

Cette histoire montre également quelle erreur de perspective on commet en applaudissant, sans examen préalable, à tout ce qui porte le nom de biotechnologie. Les guerres bactériologiques qui se préparent dans le secret de certains laboratoires ne seront-elles pas le résultat de biotechnologies de pointe?

La couche d'ozone menacée

À l'été 1974, les chercheurs américains Rowlands et Molina publièrent dans la revue scientifique internationale *Nature* les résultats de leurs recherches sur les dangers relatifs à la destruction graduelle de la couche d'ozone présente dans les hautes couches de l'atmosphère. Leur mise en garde, abondamment commentée par la presse et par la télévision, alerta la sensibilité collective et alimenta l'inquiétude populaire à l'égard de l'environnement. Douze ans plus tard, personne n'en parlait plus. La menace était-elle écartée, ou avait-elle fait place à de nouvelles angoisses au détriment des anciennes? C'est une histoire instructive qui mérite d'être contée, d'autant plus qu'elle est loin d'être terminée et que son dénouement risque d'être plus grave que ce que l'on avait imaginé à l'époque.

Les travaux de Rowlands plaçaient au banc des accusés certains composés organiques de synthèse, en particulier les dérivés chlorés et fluorés du méthane utilisés dans la réfrigération, dans la climatisation des voitures ainsi que dans les milliards de canettes sous pression qui vaporisent dans l'atmosphère les désodorisants, les insecticides, les produits cosmétiques, la crème à raser et même ce qu'on nomme aujourd'hui la crème fouettée. Les plus connus de ces dérivés du méthane sont le fréon et ses cousins. Leur production annuelle se chiffre en millions de tonnes.

Selon Rowlands, ces chlorofluorocarbures, pour leur donner leur nom technique, loin d'être remarquablement stables comme le prétendaient leurs manufacturiers, se révèlent sensibles à l'action des rayons ultraviolets courts du Soleil, qui en libèrent le chlore. Cette réaction, cependant, ne se produit pas aux basses altitudes car les rayons ultraviolets courts ne pénètrent pas jusque-là; ils sont absorbés par la couche d'ozone de la stratosphère.

Le drame, c'est que les chlorofluorocarbures libérés finissent par se répandre jusque dans la stratosphère, où les rayons ultraviolets courts les décomposent en libérant le chlore. Il s'ensuit une réaction en chaîne complexe au cours de laquelle un seul atome de chlore entraîne la destruction de dix atomes d'ozone; dans la stratosphère, cela correspond à environ dix millions de tonnes d'ozone par année.

Si l'ozone continue à être détruit, prédisaient Rowlands et Molina, il ne pourra plus servir d'écran à la pénétration des rayons ultraviolets courts, et la vie sur terre et dans les eaux sera soumise aux effets destructeurs de ces rayons: multiplication des cancers de la peau, destruction des micro-organismes aquatiques qui forment la première étape de la chaîne alimentaire des poissons, perturbation des autres systèmes biologiques, bref une chaîne de catastrophes. D'où le vent de panique qui a soufflé sur le monde occidental en 1974 et qui est à peine une brise dans le tourbillon de nos préoccupations actuelles.

Pourtant, en 1978, l'Agence américaine de protection de l'environnement avait interdit l'usage des aérosols en canette, sans condamner celui du fréon dans la réfrigération et dans la climatisation des voitures; largement diffusée, cette interdiction partielle, imitée par le Canada, avait apaisé l'opinion publique. La même année, les résultats obtenus par le satellite Nimbus de la N.A.S.A. avaient montré que l'ozone ne diminuait sensiblement pas dans la stratosphère. Mais la N.A.S.A. avait oublié de révéler un détail troublant: l'ordinateur Nimbus avait été programmé de façon à ignorer les faibles concentrations d'ozone! Cela est incroyable, mais pourtant vrai.

L'échec des tentatives de résoudre le problème de l'ozone tient à de multiples causes: l'indécision de la communauté scientifique, qui a suscité des comités de travail aux conclusions contradictoires; la timidité des organismes de réglementation; l'ignorance dans laquelle a été tenu le public depuis la panique de 1974; l'indifférence de la plupart des nations européennes, elles-mêmes productrices de fréon, ainsi que la pression constante des manufacturiers américains, ces derniers demeurant sceptiques devant la menace et réclamant des preuves supplémentaires avant d'accepter le bannissement du fréon et de ses congénères.

Néanmoins, la question de la destruction de la couche d'ozone va sûrement refaire surface d'ici quelque temps, à moins que la crainte du fréon ne soit maintenant démodée; on en a tellement vu depuis! Quoi qu'il en soit, des mesures récentes effectuées dans les régions antarctiques démontrent que l'atteinte à la couche d'ozone, répercutée par les circulations atmosphériques sur toute la surface de la planète, est plus importante que ce qui avait été prédit en 1974, et que le seuil critique, irréversible, sera atteint bien avant qu'on ne l'avait craint. Mais, pour l'instant, la question de l'ozone a disparu des manchettes.

Accablés par l'obsession du court terme, les hommes et les femmes de ce temps ne s'inquiètent que de l'immédiat: la maladie de l'enfant, le loyer à payer, les ennuis du travail ou de la vie conjugale, les vagues angoisses nocturnes que le jour vient dissoudre. On ne peut guère le leur reprocher; en attendant de mourir (le plus tard possible!) des radiations nucléaires, des pluies acides, des B.P.C. ou de la destruction de l'ozone, ils aimeraient bien vivre en paix sans se préoccuper du surlendemain. Ils ont bien assez du lendemain.

Maladies

La douleur des autres

L'histoire des sciences, à l'imitation de l'histoire générale, s'est longtemps bornée à présenter les événements et les hommes de façon ponctuelle, comme autant de jalons mémorables le long d'une route inévitablement orientée vers le progrès de l'esprit. Dans cette optique, les chercheurs individuels apparaissent comme des héros marqués par la grâce d'une étincelle; ils vouent leur carrière à la solution des mystères de la nature, puis, leur tâche accomplie, ils recueillent de leurs contemporains ou de la postérité les lauriers précoces ou tardifs de la célébrité. On peut ainsi remonter le cours de l'histoire comme on visite une galerie de statues.

En ce qui concerne l'histoire des découvertes scientifiques, une tendance nouvelle s'est heureusement dessinée, qui tente de les replacer dans le climat socio-culturel où elles ont pris naissance et d'analyser les circonstances de leur acceptation, de leur rejet ou de leur modification selon les modes ou les préjugés de l'époque. Au lieu d'être perçue comme un éclair de génie, une découverte scientifique devient alors partie intégrante d'un processus social dynamique qui lui confère un éclairage nouveau. À cet égard, la découverte de l'anesthésie générale revêt un caractère exemplaire.

La première anesthésie générale a été effectuée à Boston, en octobre 1846, par le dentiste William Morton, au moyen de l'éther. Antérieurement, les interventions chirurgicales, toujours redoutables, se pratiquaient à froid. Certains chirurgiens procédaient à une anesthésie partielle en ayant recours à la glace, à l'opium ou simplement en faisant ingurgiter au patient, avant l'intervention, une généreuse rasade d'alcool. Avec des méthodes aussi frustes, les chirurgiens d'avant la découverte de Morton devaient agir très rapidement et se limiter aux interventions de courte durée, comme en font foi, par exemple, les célèbres descriptions d'Ambroise Paré, père de la chirurgie.

On imagine donc que le corps médical du milieu du siècle dernier accueillit avec enthousiasme le procédé révolutionnaire de Morton; c'est que nous le jugeons avec nos yeux d'aujourd'hui. Se serait-elle produite de nos jours, la découverte de l'anesthésie générale aurait obtenu la une des quotidiens et la manchette du journal télévisé, avec entrevue du héros et prédiction d'un prochain prix Nobel.

À Boston en 1846, la découverte de Morton ne passa pas inaperçue, loin de là, d'autant plus que la ville était devenue le principal centre médical des États-Unis. Mais les futurs utilisateurs se montrèrent d'abord très réticents. Lorsque l'on consulte les archives de l'époque, on constate que la nouvelle technique, qui offrait pourtant la possibilité d'opérer sans douleur, a reçu un accueil réservé, sinon hostile, de la part de deux groupes de thérapeutes qui s'opposaient violemment les uns aux autres, mais qui se rejoignaient dans leur méfiance à l'égard de l'anesthésie générale.

Le premier groupe comprenait les chirurgiens, qui pratiquaient une médecine héroïque et qui considéraient la douleur (la douleur des autres) comme un phénomène naturel et essentiel au processus de guérison. Le second regroupait les naturopathes de l'époque, les tenants de ce que l'on appellerait aujourd'hui les médecines douces, aux yeux desquels le bien-être était naturel alors que la douleur constituait une punition inévitable de la mauvaise conduite du corps. Pour ces deux groupes, toute tentative de supprimer la douleur était superflue, sinon nuisible.

Entre ces deux attitudes extrêmes se retrouvaient les tenants de la tendance conservatrice. Pour ces derniers, l'anesthésie était recommandable dans certains cas, inutile dans d'autres. Lorsqu'on y regarde de près, ce compromis entre deux attitudes extrêmes, compromis qui devait être adopté progressivement par l'ensemble de la profession chirurgicale, traduisait un comportement élitiste qui nous étonnerait aujourd'hui. Ainsi, selon les adeptes de l'approche conservatrice, on réservait l'anesthésie aux femmes, parce qu'on les croyait particulièrement sensibles à la douleur; à l'opposé, on la refusait aux Noirs, aux immigrants et aux travailleurs manuels, sous prétexte qu'ils n'étaient pas assez raffinés ou éduqués pour ressentir la brûlure du scalpel.

La profession médicale n'est pas seule en cause dans cette discrimination. Lorsque personne ne dispose de moyens pour évaluer ou pour mesurer la douleur des autres, on se fie aux grimaces, aux larmes et aux cris. Ces manifestations, tolérées chez les femmes, sont interdites aux hommes forts, aux guerriers, aux chefs d'État.

Il faut chanter dans les supplices; il faut mourir sans une plainte. À la limite, la douleur des autres est facilement supportable. La mort des autres aussi, s'ils nous sont étrangers.

Cancer: le rose et le noir

Ces derniers temps nous sont parvenues des nouvelles qui projettent à l'horizon de la lutte anticancéreuse deux taches contrastantes: une rose, optimiste, et une noire, pessimiste. Commençons par les mauvaises nouvelles, puisque nous y sommes habitués.

À même les tonnes de statistiques accumulées depuis plus de trente ans par l'Institut national du cancer (américain), et qui s'appliquent en gros au Canada, des chercheurs américains viennent de dégager des données qui jettent une douche froide, très froide, sur les progrès de la lutte contre le cancer et sur les bénéfices des nouveaux traitements expérimentés depuis le milieu du siècle.

Pour l'ensemble des cancers, le taux de mortalité est passé de cent soixante-dix à cent quatre-vingt-cinq par tranche de cent mille habitants, après les corrections appropriées pour l'âge des sujets. Lorsqu'on songe aux milliards de dollars qui ont été dépensés pour lutter contre cette maladie, surtout après que le président Nixon, en 1971, eut déclaré une guerre nationale contre le cancer, le résultat paraît austère et même décourageant. Les seules exceptions consolantes concernent les leucémies infantiles et la maladie de Hodgkin, où les taux de succès ont été remarquables; mais ces formes de tumeurs représentent une faible proportion de l'ensemble des cancers, de sorte que la mortalité générale n'en est guère modifiée. À l'autre extrémité de l'échelle, le cancer du poumon, chez les hommes comme chez les femmes, présente la plus forte augmentation, passant de vingt décès à près de cinquante décès pour cent mille habitants au cours de la période 1950-1985. Les critiques soutiennent que, si l'on excluait le cancer du poumon des statistiques, on trouverait que la mortalité attribuable au cancer a légèrement diminué. C'est un peu comme si l'on s'avisait de mesurer la vitesse moyenne d'une équipe de hockey en s'abstenant de compter les joueurs les plus rapides.

L'avenir ne semble pas rose aux yeux des chercheurs qui ont livré les données précédentes, que personne ne cherche sérieusement à contester. Dans cette perspective, l'objectif déclaré de l'Institut national du cancer, qui consiste à réduire la mortalité de moitié d'ici l'an 2000, apparaît singulièrement compromis. Les nouveaux traitements s'étant révélés incertains dans la plupart des cas, les chercheurs recommandent donc d'axer les efforts vers la prévention. Mais les efforts de prévention n'ont pas donné jusqu'à présent les résultats attendus.

L'espoir repose-t-il sur la découverte de méthodes de diagnostic précoce? Encore faudrait-il mieux connaître les mécanismes d'apparition du cancer. Or, c'est dans ce domaine qu'est apparue la lueur rose évoquée précédemment.

Afin de la mettre en perspective, il faut rappeler que, depuis quelques années, presque tous les cancers, sauf les leucémies et les lymphomes, sont des cancers de la peau, c'est-à-dire de l'épithélium proprement dit et des muqueuses, lesquelles représentent une sorte d'épithélium interne. Ces cellules épithéliales tapissent la peau, les voies respiratoires, le tube digestif de la bouche à l'anus, ainsi que les organes internes.

On a essayé depuis longtemps de cultiver les cellules épithéliales en laboratoire afin d'étudier éventuellement leur transformation cancéreuse. Devant la quasi-impossibilité de le faire, on s'est tourné vers la culture de fibrobastes, précurseurs des fibres animales, mais qui n'ont rien à voir avec le cancer. On peut dire grossièrement qu'on a cultivé pendant des années les fibrobastes parce que la culture des cellules épithéliales était trop difficile à réussir. Incroyable mais vrai.

Enfin, une équipe de chercheurs de l'Institut national du cancer vient de réussir la culture de cellules épithéliales, grâce auxquelles on pourra étudier le mécanisme d'apparition d'au moins neuf sur dix des cancers humains. Dans le domaine du cancer, c'est une découverte fondamentale qui est susceptible de faire oublier les sombres statistiques en provenance du même Institut.

Le cancer et la couleur des aliments

Les comportements collectifs présentent cette particularité d'oblitérer la part de raison qu'un individu manifeste naturellement à tête reposée. C'est une façon de dire qu'une foule n'agit jamais la tête froide. Lorsqu'il s'agit de phobies collectives, à l'égard du cancer ou de maladies contagieuses telles que le sida, on peut voir à quels excès se livre l'opinion publique, surtout lorsqu'elle est attisée par les médias.

S'il est prématuré d'évaluer l'ampleur de la phobie collective à l'égard du sida, dont la crête n'est pas encore atteinte, on peut évoquer avec profit une phobie collective, maintenant évanouie, qui remonte à 1960. L'exercice en vaut la peine car toutes les phobies se ressemblent et s'éclairent les unes les autres. La phobie de 1960 avait pris naissance à propos de certains colorants synthétiques entrant dans la composition de produits alimentaires ou cosmétiques aussi divers que les cerises au marasquin, les sucettes, les céréales pour enfants et même les rouges à lèvres. Peut-être devrait-on parler de bleus à lèvres, de blancs à lèvres, de violets à lèvres car leur mode, aurait écrit Baudelaire, change plus vite, hélas, que le cœur d'un mortel. Mais, en 1960, il ne s'agissait plus de suivre la mode mais de se prémunir contre le cancer, d'exorciser une crainte collective.

Afin d'apaiser les cancérophobes, deux cents de ces colorants synthétiques furent bannis par l'Administration americaine des aliments et des drogues, parce qu'ils s'étaient révélés cancérigènes à haute dose chez les animaux de laboratoire. Ce bannissement fut inscrit dans la législation sous la forme d'un amendement devenu classique, l'amendement Delaney, lequel stipulait que, lorsqu'une substance est reconnue cancérigène à dose élevée, elle doit l'être également à n'importe quelle dose inférieure, même infinitésimale. La mesure était excessive, mais elle contribua à rassurer une partie de l'opinion publique; c'est cela qui importait aux autorités, habituées à n'intervenir que sous la pression des circonstances. D'ailleurs, au fil des années subséquentes et à l'insistance des manufacturiers, la liste des deux cents colorants bannis a été réduite à soixante-trois, puis à six, qui sont tous des rouges de différentes nuances dont la consommation n'effraie plus personne.

Pourquoi ces colorants cancérigènes sont-ils devenus inoffensifs? Tout simplement parce que les administrateurs publics, dociles aux arguments des manufacturiers, ont introduit la notion de risque acceptable. On n'affirme pas que les colorants synthétiques ont perdu leur toxicité; on dit que le risque de contracter le cancer en suçant des bonbons rouges ou en se maquillant est tellement faible qu'il vaut mieux l'oublier. L'amendement Delaney, lui, subsiste dans toute sa rigueur, mais, chaque fois qu'une faction réclame son application, une autre exige plus de preuves expérimentales de nocivité.

La première leçon que l'on peut tirer de cette histoire, c'est qu'à la faveur de phobies collectives (et ces phobies se propagent mystérieusement) on peut promulguer des lois dont la rigueur n'a rien de commun avec la complexité du réel. Une fois la phobie calmée, on peut virer de cap sans faire de vagues.

La seconde réflexion qui s'en dégage, c'est que les phobies collectives sont aussi menaçantes que les dangers qu'elles essaient d'éviter. Dans notre milieu quotidien, individuel et collectif, nous sommes en contact avec plus de six mille substances reconnues comme potentiellement cancérigènes. Ce serait illusion et folie de vouloir les éliminer toutes, car il en surgirait de nouvelles.

Pour nous en tenir au domaine de l'alimentation, demandons-nous plutôt ce qui nous a poussés à réclamer du beurre qui soit jaune, du jambon qui soit rose, du pain qui soit blanc comme de la craie. Le vrai beurre n'est pas jaune, le jambon n'est pas rose, le vrai pain est légèrement gris. Il se peut que les manufacturiers, avec la collaboration des publicitaires, nous vendent n'importe quoi sous des apparences trompeuses. Peut-être, ayant perdu le souvenir de la couleur et du goût des choses, sommes-nous devenus les complices involontaires de leur dégradation.

Le psoriasis: un faux cancer

De même qu'il y a des maladies nobles, comme les accidents neurologiques, et des maladies honteuses, comme celles qui atteignent les organes sexuels, il existe des maladies qui déclenchent des réactions émotives sans rapport avec leur gravité: la cécité, par exemple, inspire la pitié alors que la surdité excite le rire, sans que l'on sache d'ailleurs pourquoi, puisqu'elles sont toutes les deux des afflictions pour les personnes qui en sont victimes.

Voici une maladie, le psoriasis, qui ne suscite que l'indifférence, alors qu'elle afflige environ trois pour cent de la population. On n'entend jamais parler de campagnes de souscription ni de téléthons en faveur du psoriasis. C'est comme le rhume: on n'y attache aucune importance. De ceux et celles qui ont du psoriasis, surtout à la surface du cuir chevelu, on dit simplement qu'ils ont des pellicules et que cela ne fait pas très propre. On les voit aussi se gratter fréquemment la tête, ce qui ne paraît pas très poli, mais on ne songe pas à les plaindre.

En fait, lorsqu'il est limité à de petites plaques disséminées sur le cuir chevelu, le psoriasis ne cause guère plus de désagrément qu'une démangeaison quasi constante, exacerbée durant les périodes de stress. Il est le résultat d'une inflammation locale de la peau, avec dilatation des capillaires et prolifération des cellules superficielles de l'épiderme sous forme de ces écailles nacrées que l'on nomme pellicules. Lorsque ces pellicules sont grattées ou détachées, les capillaires affleurent et forment des plaques rouges, parfois sanguinolentes.

Le psoriasis n'est donc pas habituellement une maladie grave, même si, dans sa phase de prolifération rapide, il ressemble étrangement au cancer. Pour traiter les cas résistants ou envahissants, on recourt d'ailleurs à des médicaments analogues à ceux que l'on utilise dans le traitement du cancer, en les assortissant de radiations ultraviolettes. Constatons d'emblée qu'aucune de ces mesures ne procure autre chose qu'une amélioration temporaire suivie d'une rechute à plus ou moins brève échéance. Plus curieusement encore, le psoriasis présente quelquefois une rémission spontanée et définitive, après une période qui suit de quelques mois ou de plusieurs années l'apparition de la maladie. On cite un cas où le malade a dû attendre cinquante-quatre ans avant de voir son psoriasis nettoyé; autant dire qu'il a passé sa vie dans les démangeaisons.

Le psoriasis est entré en littérature, en quelque sorte, grâce à une confession publiée récemment dans le périodique *New Yorker* par le grand romancier américain John Updike. Updike y révèle la douleur physique et psychologique qu'il a subie depuis sa tendre enfance, à cause d'un psoriasis envahissant qui l'a tenu à l'écart des jeux de plein air, qui l'a condamné à un badigeonnage quotidien et nauséabond à l'huile de goudron (c'était le traitement classique à l'époque), qui l'a obligé à fuir ses amis, sa femme et même ses propres enfants. Pour Updike, maintenant désespéré de sa condition, la seule solution a consisté à se réfugier dans l'exercice d'un métier solitaire, celui d'écrivain. Mais dans les milieux de la recherche biomédicale, on parle rarement du psoriasis, parce que c'est une maladie de seconde zone, même si l'on connaît des cas où les victimes ont succombé à une crise cardiaque, tellement les démangeaisons étaient devenues intolérables.

Le silence autour du psoriasis vient heureusement d'être rompu. Dans une récente livraison du périodique américain *Science*, une équipe internationale de dermatologistes annonce qu'elle a réussi à démontrer que le psoriasis prend naissance non pas dans l'épiderme mais dans le derme sous-jacent. En étudiant ce dernier par les méthodes déjà connues de la culture tissulaire, les chercheurs espèrent enfin apercevoir la lumière au bout du tunnel, et apporter un soulagement aux victimes oubliées du prurit quotidien.

Les organes cibles de l'alcool

Le patriarche Noé, illustre exemple des méfaits de l'alcool, n'en a sûrement pas été la première victime: la découverte de la fermentation alcoolique, contemporaine de celle de l'agriculture, a fait de l'alcoolisme la plus ancienne toxicomanie de l'histoire.

Si les excès occasionnels d'alcool évoquent l'idée de fête et de célébration, son usage quotidien et soutenu, par quoi on définit l'alcoolisme, n'a jamais joui d'une bonne réputation. Selon les époques, on en a fait au mieux une mauvaise habitude, au pire un vice honteux «qui rend l'homme semblable à la bête et souvent le fait mourir». Au temps des grandes campagnes antialcooliques du début du siècle, on rendait l'alcool responsable de la moitié des cas de folie, ce qui était manifestement exagéré. Les études subséquentes ont montré que l'alcoolisme était véritablement une maladie à forte dépendance psychologique, présentant une composante héréditaire, ce qui rend certains individus incapables de tolérer l'alcool, alors que d'autres s'en tirent sans trop d'inconvénients.

Depuis le début des années quatre-vingt, on a cerné d'un peu plus près le mécanisme de l'action néfaste de l'alcool chez les sujets vulnérables. Deux enzymes hépatiques sont en jeu: les déshydrogénases de l'alcool et de l'acétaldéhyde. Lorsqu'elles sont déficientes, comme elles le sont chez les sujets à risque, l'acétaldéhyde s'accumule et provoque à la longue les lésions caractéristiques de la cirrhose du foie, avec ses séquelles vasculaires, rénales et encéphaliques qui entraînent inévitablement la mort. Ce tableau clinique, résultat d'une déficience enzymatique, devrait suffire à enlever à l'alcoolisme son caractère de maladie honteuse; mais il ne rend pas compte de toute la réalité. En mettant l'accent sur le foie comme principal, sinon comme unique organe cible de l'alcool et en concentrant les recherches sur les déshydrogénases hépatiques, on avait oublié que d'autres organes que le foie peuvent être lésés par les excès alcooliques, même lorsque le foie est demeuré intact.

C'est ce que viennent de souligner des chercheurs de l'Université de St. Louis, au Missouri. Après avoir rappelé que les mécanismes pathologiques décrits antérieurement chez les alcooliques sont tous des mécanismes d'oxydation de l'alcool, les chercheurs de St. Louis se sont attachés à l'étude de certains organes autres que le foie, qui ne sont pas le siège de telles oxydations mais qui montrent pourtant des lésions alcooliques, notamment le pancréas, le cœur et le cerveau. Leur hypothèse de travail était que ces organes, privés de mécanismes d'oxydation alcoolique, pouvaient présenter d'autres réactions métaboliques à produit toxique; ainsi, la combinaison de l'alcool avec des acides gras peut former ce qu'on appelle des esters, lesquels sont susceptibles de provoquer des lésions. Afin de vérifier cette hypothèse, les chercheurs ont procédé à l'analyse des esters dans près de deux cents organes prélevés à l'autopsie chez des alcooliques chroniques et chez des sujets normaux décédés accidentellement.

Les résultats sont éloquents: les organes (autres que le foie) qui accumulent le plus d'esters sont précisément les organes les plus sensibles aux effets de l'alcool: le pancréas, le cœur, le cerveau. Le foie, évidemment, en contient aussi. Quant aux organes qui demeurent intacts chez les alcooliques, comme les muscles squelettiques, la thyroïde et les testicules, on n'y trouve à peu près pas d'esters toxiques. Il semble donc que le mécanisme d'oxydation par les déshydrogénases ne soit pas seul en cause dans l'intoxication alcoolique chronique et que la combinaison de l'alcool avec les acides gras joue un rôle supplémentaire, peut-être en interaction avec le mécanisme déjà connu. Il resterait à préciser par quelle voie se manifeste la toxicité des esters. Les résultats préliminaires semblent indiquer que ces substances altèrent le processus normal de fonctionnement des mitochondries, c'est-à-dire des centrales énergétiques de la cellule.

Pour l'instant, les travaux de l'équipe de St. Louis représentent la plus grande percée biomédicale dans le domaine de l'alcoolisme depuis l'élucidation des mécanismes d'oxydation hépatique. Les alcooliques n'en seront guère consolés, car, dans l'attente d'une éventuelle (et lointaine) modification génétique de leur métabolisme, ils n'ont guère d'autre solution que de s'abstenir de ce poison que constitue pour eux l'alcool, ou de se laisser mourir à petite flamme.

Les crises subites du petit matin

Les découvertes fortuites que leurs auteurs attribuent au hasard présentent un caractère fascinant: à la différence de celles qui semblent le fruit d'un labeur constant et déterminé, elles apparaissent comme un cadeau des dieux, comme un gros lot à la loterie de la recherche. Il est vrai que le hasard, comme l'affirmait Claude Bernard, ne récompense que les esprits préparés.

Le hasard, récemment, a bien fait les choses dans le cas du cardiologue James Muller de l'Université Harvard. En 1984, il eut l'occasion de présenter en petit comité les résultats de ses travaux cliniques sur l'incidence des crises cardiaques en fonction de l'administration de certains médicaments préventifs. Jetant un coup d'œil sur la masse de ses données, un de ses confrères lui fit remarquer que les attaques semblaient survenir plus fréquemment l'hiver que l'été, observation qui cadrait parfaitement avec l'image type de l'individu d'une cinquantaine d'années que la maladie coronarienne vient frapper alors qu'il est en train de déneiger sa voiture avant de se rendre au bureau.

James Muller décida alors de revoir soigneusement les données de ses 847 sujets ainsi que de 2 000 autres qui avaient été examinés mais qui n'avaient pas été inclus dans la présentation. La coïncidence saisonnière ne se vérifia pas; en revanche, il apparut nettement que les attaques se produisaient beaucoup plus fréquemment aux environs de neuf heures du matin qu'à tout autre moment de la journée. Une analyse plus poussée révéla que la haute fréquence matinale s'appliquait également aux thromboses cérébrales, aux crises d'angine et aux arrêts cardiaques subits.

Qu'y avait-il de particulier à cette concentration des crises aux environs de neuf heures du matin? Les patients avaient peut-être été touchés au cours de la nuit sans avoir ressenti de malaise avant leur réveil. Une épreuve objective de laboratoire s'offrait à Muller afin d'en avoir le cœur net: on sait que la concentration sanguine de l'enzyme créatine kinase augmente nettement quatre heures après un accident cardiaque. Ces analyses étaient disponibles pour 703 des sujets de l'étude: elles révélaient rétrospectivement que les attaques avaient dû se produire autour de neuf heures du matin. Un an déjà s'était écoulé depuis que Muller essayait de confirmer son hypothèse, sans trop oser y croire; cette fois, il ne pouvait plus douter. Une revue de la littérature médicale lui confirma bientôt l'existence de quatorze recherches analogues, publiées dans des revues scientifiques obscures, et qui pointaient toutes dans le même sens.

Muller décida d'aller plus loin. Si, comme il le pensait, la forte incidence matinale des attaques cardiaques était liée à une augmentation de la coagulabilité du sang, on devait retrouver la même image dans le cas des thromboses cérébrales. C'est exactement ce que révéla l'analyse de 1 200 dossiers fournis par l'Institut national américain de la santé. De plus, l'étude systématique des morts subites survenues en 1983 dans l'État du Massachusetts montra deux fois plus de décès à neuf heures du matin que dans l'après-midi. Des résultats analogues furent obtenus par une analyse subséquente de la fréquence des maladies ischémiques du cœur, celles qui sont provoquées par des spasmes vasculaires.

Ces résultats, à première vue étonnants, semblent reliés aux modifications physiologiques, y compris la coagulation sanguine, qui sont sous la dépendance des horloges biologiques, modulatrices de nos rythmes vitaux. C'est une autre indication du rôle capital que jouent les rythmes du temps dans les alternances et les accidents de notre vie, ce temps dont notre civilisation ne se préoccupe que pour l'épargner et que la recherche scientifique contemporaine, prise dans le même engrenage, néglige fréquemment dans le choix de ses paramètres.

Et si, par exemple, on administrait aux patients à risque des médicaments anticardiaques une heure ou deux avant le temps fatidique de neuf heures du matin? Heureusement, on commence à s'y intéresser.

La jaunisse du nouveau-né

La jaunisse des nouveau-nés, qui donne à leur peau une coloration jaunâtre, est une affection commune dont la durée normale n'excède guère une quinzaine de jours. On lui attribue en clinique le nom d'ictère néonatal; le phénomène a sans doute donné naissance au Québec à la légende voulant que les bébés naissants soient apportés par ceux que l'on appelait à l'époque «les sauvages», dont la peau, comme on le sait, n'était pas rouge mais jaune, en dépit de leur surnom.

L'ictère du nouveau-né n'est qu'une des nombreuses adaptations physiologiques qui accompagnent la naissance, ce passage brusque d'un milieu aquatique tiède et stable à un milieu aérien menaçant où il faut rapidement respirer, régler sa température, se nourrir et mettre en jeu les mécanismes de défense contre les agents nocifs venus de l'extérieur ou du milieu intérieur.

Un de ces agents nocifs est la bilirubine, pigment orangé provenant de la destruction normale des globules rouges, et que le foie transforme en composés moins toxiques éliminés par les canaux biliaires. C'est précisément la bilirubine qui provoque la jaunisse passagère durant la période au cours de laquelle le jeune foie ne possède pas encore les mécanismes de lutte efficaces contre le pigment. L'émoi passé, le bébé jaune deviendra un bébé rose.

Dans un cas sur cinq, toutefois, l'ictère apparaît de façon beaucoup plus intense: la peau, les muqueuses et la cornée virent rapidement au jaune-vert. Les vieux médecins s'en souviendront: le phénomène était plus fréquent au cours des années quarante, avant la découverte des facteurs Rh positif et négatif. Si le sang de la mère était Rh négatif et celui du père positif, les risques de mortalité ou de séquelles graves devenaient considérables.

Quelle qu'en soit la cause, l'ictère intense du nouveau-né est un symptôme alarmant, parce que le pigment est toxique à l'égard des cellules vivantes et qu'il peut entraîner l'arriération mentale, la paralysie cérébrale, des convulsions et même la mort.

Les traitements actuels de l'ictère grave du nouveau-né ne datent que d'environ sept ans et comportent des inconvénients majeurs. Le premier de ces traitements est la photothérapie, c'est-à-dire l'exposition du sang à travers la peau à une source lumineuse bleue. Cette lumière bleue transforme chimiquement la bilirubine en un dérivé moins toxique, laissant au foie le temps de commencer à fonctionner normalement. Malheureusement, la photothérapie ne transforme qu'environ quinze pour cent de la bilirubine en excès; elle se révèle inefficace lorsque l'ictère est trop prononcé.

La seconde méthode utilisée jusqu'à maintenant se range dans la catégorie des thérapeutiques dites héroïques: elle consiste dans le remplacement total du sang du nouveau-né par le sang d'un adulte compatible. À cet âge fragile, c'est une intervention très délicate, dont les complications sont nombreuses: chute du glucose et du calcium, troubles de la coagulation, transmission de maladies infectieuses et parfois issue fatale.

Dans cette optique, la découverte récente d'une équipe de chercheurs américains apporte une lueur d'espoir, même si elle n'a encore été expérimentée que sur des animaux. Il s'agit de ce qu'on appelle en pratique scientifique une expérience élégante, une solution inattendue à un problème complexe.

Pour la comprendre, rappelons simplement que la bilirubine, dans le foie, est détoxifiée par une enzyme qui se nomme la bilirubine oxydase et que l'on peut isoler à l'état pur. Grâce à une circulation extracorporelle qui emprunte les deux vaisseaux du cordon ombilical, on fait passer le sang du nouveau-né dans une colonne contenant l'oxydase purifiée, immobilisée à la surface de granules inertes. En trente minutes à peine, le sang est nettoyé de la moitié de sa bilirubine, sans aucun effet secondaire notable et sans contact avec un sang étranger. L'effet d'un traitement plus prolongé sera bientôt expérimenté chez des êtres humains. C'est la première fois, à ma connaissance, que l'on utilise une enzyme purifiée pour remplacer temporairement l'enzyme que le nouveau-né n'a pas encore appris à synthétiser.

Après quelques progrès notables dans le traitement des déficiences génétiques, nous assisterons peut-être à l'émergence d'une thérapeutique des insuffisances enzymatiques temporaires. Les chemins de la science sont parfois imprévus.

Le génie génétique et l'hémophilie

L'hémophilie, maladie débilitante qui se manifeste par une hémorragie abondante, parfois incontrôlable, à la moindre lésion interne ou externe des vaisseaux sanguins, doit une partie de sa notoriété à son appellation de maladie des rois.

L'association de quelques familles royales européennes avec cette maladie héréditaire a été révélée au XIXe siècle: la reine Victoria était porteuse de l'anomalie, son fils était atteint d'hémophilie, et les deux filles de la reine, également porteuses, étendirent la maladie en épousant des membres des familles royales d'Allemagne, de Prusse et d'Espagne.

En fait, l'hémophilie frappe aussi bien les individus ordinaires que les grands de ce monde, sauf que les premiers ne défraient pas les manchettes. Une personne sur dix mille en est atteinte; les victimes sont toutes du sexe masculin, sauf de très rares exceptions.

Les recherches menées depuis une quarantaine d'années nous ont appris que l'hémophilie résulte de la déficience d'une protéine sanguine appelée facteur VIII, protéine codée par un seul gène localisé sur le chromosome sexuel X; il existe donc deux de ces gènes dans chaque cellule femelle, puisque sa formule est XX, et un seul gène chez la cellule mâle, dont la formule est XY. L'individu qui a hérité d'un gène déficient devient hémophile s'il est du sexe masculin; la personne du sexe féminin, avec ses deux chromosomes XX, fonctionnera normalement mais sera porteuse de la déficience, dont pourra hériter, statistiquement, la moitié de ses fils. La protéine normalement codée par le gène du chromosome X (le facteur VIII) intervient dans la coagulation du sang au sein d'une cascade de réactions qui ont été patiemment élucidées au fil des années. À la tête de la cascade, on rencontre les plaquettes sanguines mobilisées au site de la blessure; ces plaquettes sont retenues par les filaments d'une protéine insoluble, la fibrine, elle-même formée à partir de fibrinogène soluble. La transformation du fibrinogène en fibrine est l'événement clef de la coagulation et elle représente l'aboutissement d'une série de transformations de protéines inactives (les précurseurs) en protéines actives, sous l'influence de cofacteurs. L'un de ces cofacteurs est le facteur VIII; son importance dans la coagulation tient sans doute au fait qu'il est présent dans le sang en très faible concentration et qu'il constitue ainsi un facteur limitant.

La perception du rôle que pouvait jouer le facteur VIII dans l'hémophilie a donné naissance, au cours des années soixante, à une thérapie de remplacement qui consistait à administrer régulièrement un concentré de facteur VIII obtenu à partir du sang de nombreux donneurs normaux. Ce traitement a procuré une espérance de vie quasi normale à des hémophiles, alors qu'auparavant la survie ne dépassait guère l'âge de vingt ans. Malheureusement, cette thérapie est extrêmement coûteuse (de six mille à dix mille dollars par année) et elle comporte des risques sérieux d'infection virale qui ne sont pas négligeables, surtout depuis l'apparition du sida. Avec l'avènement du génie génétique, la solution rêvée consisterait donc à identifier la protéine du facteur VIII, à synthétiser le gène correspondant, à le reproduire à volonté par clonage et à l'introduire dans l'organisme déficient. Ce rêve, qui aurait été considéré comme farfelu il y a seulement quinze ans, est en passe de devenir réalité.

Après plusieurs années de recherches, une équipe scientifique anglo-américaine a réussi à préciser la structure du facteur VIII et à fabriquer le gène correspondant en culture. C'est un tour de force dans la jeune histoire du génie génétique, compte tenu de la complexité et de l'instabilité du facteur VIII. Mais les jeux ne sont pas encore faits. À l'heure actuelle, il n'existe pas de technique sûre pour introduire le gène du facteur VIII dans les cellules des hémophiles et, surtout, pour contrôler son taux sanguin, dont l'excès peut être aussi dangereux que la carence. Dans l'intervalle, la protéine fabriquée par le gène, c'est-à-dire le facteur VIII, sera disponible en grande quantité d'ici quelques années; elle pourra être administrée sans danger aux hémophiles sans qu'il soit nécessaire de recourir aux transfusions. Ainsi, après avoir été considérée comme la maladie des rois, l'hémophilie répondra-t-elle bientôt à un traitement accessible aux revenus bourgeois.

L'hérédité de la dépression nerveuse

Sous le nom populaire de dépression nerveuse se cache une entité morbide qu'on arrive mal à cerner et qui a donné naissance à des appellations aussi déroutantes les unes que les autres.

Connue également sous le nom de psychose maniaco-dépressive, elle ne présente rien de maniaque au sens populaire du terme: elle manifeste plutôt un état d'excitation temporaire qui a donné naissance à l'image coutumière que l'on se fait des fous, image qui n'a rien à voir avec la réalité. La dépression nerveuse est la plus répandue des maladies dites mentales; elle se caractérise, lorsque surviennent les crises, par une exaltation psychique alternant rapidement avec un état d'abattement profond. L'excitation apparente, manifestée par la rapidité et par l'exagération des propos, se joue sur un fond dépressif dont elle essaie de masquer l'angoisse sous-jacente; d'où le caractère déroutant de cette maladie. On pourra s'en faire une image assez fidèle en évoquant les deux masques classiques de la comédie et de la tragédie, basculant du rire aux larmes en l'espace d'un éclair; le malade, déchiré entre ces deux excès, danse périlleusement sur une corde raide.

La dépression nerveuse, ou maladie bipolaire pour lui donner son nom le plus juste, est encore plus une affliction qu'une maladie car on n'a pas encore trouvé de remède aux tourments qu'elle occasionne. Il est vrai que le traitement au carbonate de lithium, découvert il y a une quinzaine d'années, permet aux affligés de mener une existence à peu près normale, les crises d'excitation et de dépression entraînant moins de séquelles. Avant l'introduction du lithium, l'issue de la maladie bipolaire était fréquemment tragique: le malade, accablé par des sentiments profonds d'impuissance et de culpabilité, était en proie à des idées noires et finissait quelquefois par s'enlever la vie. Conclusion d'autant plus horrible qu'il s'agissait fréquemment de sujets exceptionnels: éclairs de l'intelligence ou de la sensibilité sur un fond de ténèbres.

Voici qu'après des années de recherches stériles un espoir s'esquisse à l'horizon biomédical; à tout le moins, une lueur. On avait depuis longtemps remarqué que certaines lignées familiales présentaient une prédisposition à l'égard de la maladie bipolaire. Pouvait-on, dans ces cas, parler de maladie héréditaire?

La complexité des symptômes observés n'était guère encourageante. La percée est venue grâce à la découverte, il y a quelques années, que cette autre maladie mentale qui porte le nom de chorée de Huntingdon est provoquée par un seul gène dominant, et que de ce fait elle se manifeste dans des lignées familiales précises. Dans le cas de la maladie bipolaire, la question se compliquait par son association fréquente avec l'alcoolisme et avec d'autres toxicomanies qui masquent les symptômes de la maladie primitive. Les chercheurs, heureusement, ont débouché sur une piste inattendue: l'existence, dans l'est de la Pennsylvanie, d'une secte mennonite, dont les ancêtres allemands sont venus s'établir au XVIIIe siècle. Cette secte présente une homogénéité génétique remarquable, tout aussi frappante que l'austérité de ses mœurs, où l'alcoolisme et les autres toxicomanies sont inconnues.

La secte mennonite de plus de douze mille habitants a été l'objet d'une étude rigoureuse qui a permis d'identifier des familles à maladie bipolaire, familles que les membres de la secte avaient eux-mêmes reconnues. En fait, les vingt-six cas de suicides rapportés depuis 1880 originaient de seulement quatre familles de cette secte. Des études subséquentes, à l'Université Yale, ont montré que la maladie bipolaire est vraisemblablement sous la dépendance d'un gène dominant qui n'est exprimé qu'environ une fois sur deux, de sorte que la moitié des enfants de parents affectés est susceptible de contracter la maladie.

Il reste maintenant à identifier le gène anormal ainsi que l'enzyme cérébrale qui lui correspond. C'est une tâche immense, dont les progrès contribueront sans doute à effacer le stigmate honteux qui s'attache à cette maladie, comme aux autres maladies que l'on appelle mentales mais qui sont en réalité des maladies métaboliques comme les autres.

L'électrochoc: oui, avec réserves

Pendant des siècles, le traitement des malades psychiatriques — ceux qu'on appelait les fous et qu'on baptise maintenant du joli nom de bénéficiaires — a consisté à contenir les agités et à secouer les amorphes et les déprimés. La contention, c'était par le moyen des chaînes, de l'immobilisation des membres, de la cellule capitonnée ou de la camisole de force; la secousse, c'était le fouet ou le jet d'eau du boyau d'arrosage, torture déguisée en hydrothérapie. Ces techniques rétablissaient souvent l'ordre dans les asiles, au grand soulagement des infirmiers sinon des malades.

Vers les années trente, un psychiatre entreprit de faire circuler l'observation suivante, à savoir qu'on rencontrait rarement, dans les asiles, des épileptiques qui étaient en même temps schizophrènes, et qu'inversement les schizophrènes ne présentaient guère d'épisodes épileptiques. C'était une observation de la même valeur que celle qui consisterait de nos jours à conclure que les professionnels qui chaussent des sandales à lanières ont tendance à conduire des Volvo. Dans les lieux renfermés, les nouvelles se propagent plus rapidement qu'au grand jour. C'est ainsi que les psychiatres de l'époque en vinrent à préconiser le déclenchement d'une crise épileptique artificielle pour soigner et peut-être guérir les déprimés, puis les schizophrènes et, de proche en proche, tous les malades mentaux devant lesquels on se trouvait à court de traitement.

Le métrazol, premier médicament employé pour déclencher un choc épileptique, présentait un inconvénient majeur: la crise était précédée d'une aura durant laquelle on pouvait lire, chez le patient, la terreur absolue au fond du regard. On y substitua plus tard la crise épileptique provoquée par l'insuline; on obtint moins d'inconvénients mais des résultats aussi douteux. Au début des années quarante, un thérapeute italien proposa de déclencher l'épilepsie par le moyen d'un choc électrique entre deux électrodes placées de chaque côté des tempes. La perte de conscience était immédiate, les contractions épileptiques duraient une soixantaine de secondes et le patient se réveillait dans l'oubli total de ce qui s'était passé. On notait à l'occasion des amnésies partielles ou plus rarement totales, passagères ou prolongées. Les fractures des membres étaient monnaie courante, à cause de la violence des contractions; on y remédia en injectant préalablement du curare ou l'un de ses dérivés, substances qui bloquent l'influx nerveux au niveau de l'insertion musculaire. Entourée de cette précaution, la thérapie par électrochoc, ou thérapie électro-convulsive, devint le traitement de choix jusqu'au début des années soixante-dix. C'était un bel exemple de virage technologique: le fouet du Moyen Âge avait cédé la place au fouet électronique.

Dans une institution psychiatrique dont j'ai dirigé le laboratoire de biochimie, il me souvient que l'électrochoc était souvent présenté comme une punition. Les malades qui n'obéissaient pas à la religieuse infirmière étaient signalés au psychiatre de service, qui administrait les électrochocs en série le lendemain matin. On en donnait également aux malades internés dont les parents, inquiets de n'avoir pas de nouvelles, téléphonaient à l'hôpital. La preuve qu'on s'occupait des malades, leur répondait-on, c'est qu'ils figuraient sur la liste d'attente de l'électrochoc. Il y aurait beaucoup à dire à cet égard et les événements récents montrent que les choses n'ont guère changé au Québec. L'ignorance non plus n'a pas changé. Plus de quarante ans après l'institution de l'électrochoc, on ne sait toujours pas comment il agit et on l'a remplacé en partie par les tranquillisants et les antidépresseurs, ces nouveaux fouets biochimiques.

Pour la première fois depuis un demi-siècle, les spécialistes américains de l'Institut national de la santé mentale viennent de déclarer, au terme d'un colloque: «L'électrochoc ne doit être employé que dans le traitement à court terme de la dépression très grave. La profession psychiatrique est fautive de n'avoir pas surveillé plus attentivement cette forme de traitement.»

Non seulement la profession psychiatrique ne s'est pas méfiée de la thérapie électro-convulsive, elle l'a adoptée avec un enthousiasme sans commune mesure avec les résultats obtenus. Rares étaient ceux qui résistaient à la fascination du nouveau gadget électronique; le souvenir de l'un d'eux, vieux psychiatre raffiné et sceptique, m'est demeuré présent. Un jour que, dans l'hôpital évoqué précédemment, deux thérapeutes se disputaient au sujet d'une nouvelle boîte à électrochocs, le vieux psychiatre me glissa à l'oreille: «Laissez faire, ce sont là des chicanes d'électriciens.»

Pour les nains, un problème de taille

Aux États-Unis, plus de trois mille jeunes nains risquent de ne pouvoir devenir des adultes normaux, à cause de la contamination inattendue de l'hormone qu'on leur a administrée à titre expérimental.

Cette hormone, c'est l'hormone de croissance, qui existe sous deux formes: l'hormone synthétique, obtenue par recombinaison génétique, et qui n'est pas encore commercialisée; l'hormone naturelle, extraite et purifiée à partir d'hypophyses humaines prélevées sur des victimes d'accidents mortels, et qui auparavant avaient fait don de leurs organes. Jusqu'à maintenant, les stocks d'hormone de croissance naturelle n'étaient guère abondants, juste suffisants pour traiter les quelque trois mille nains qui participaient au programme de l'Institut national de la santé. Les autres étaient privés de traitement; seuls les plus riches d'entre eux pouvaient recevoir un traitement privé à des coûts variant de cinq mille à dix mille dollars par année, selon les doses utilisées.

Brusquement, en mai 1985, l'Institut national de la santé a décidé d'interrompre son programme. À moins d'indication contraire, il n'y aura plus d'hormone de croissance naturelle sur le marché américain. Un chercheur alerté a déclaré: «C'est une superprécaution, c'est de la nervosité, c'est de la panique.» C'est surtout le tournant d'une histoire très complexe qui laisse les spécialistes désemparés.

Cette histoire a commencé en novembre 1984. Un jeune nain, traité depuis dix ans à l'hormone de croissance naturelle, a succombé à une maladie cérébrale très rare, une maladie infectieuse d'origine virale connue sous le nom de Creutzfeldt-Jakob, diagnostiquée à l'occasion de l'autopsie. Un deuxième est mort en février 1985 après avoir reçu de l'hormone de croissance; on avait soupçonné la maladie de Creutzfeldt-Jakob mais aucune autopsie n'avait été pratiquée. Un troisième nain traité à l'hormone de croissance est mort en avril 1985 et l'autopsie, sans fournir de résultats catégoriques, semble révéler la même lésion neurologique. Soupçonnant que les préparations d'hormone de croissance ont été contaminées par le virus de Creutzfeldt-Jakob, l'Institut national de la santé a donc interrompu son programme de traitement jusqu'à ce qu'on ait trouvé une solution.

Pour l'instant, il n'y a pas de solution: il n'y a que des questions. La contamination par le virus est-elle générale ou limitée? Comment pourrait-on la prévenir? Le virus lui-même est très rare et difficile à identifier, ce qui ne facilite guère les choses. L'incertitude s'applique également aux autres hormones hypophysaires extraites en même temps que l'hormone de croissance, et que l'Institut met à la disposition des chercheurs: la prolactine, par exemple, ou encore la TSH, hormone qui stimule la glande thyroïde et qui peut se montrer utile dans le traitement de certains cancers. C'est tout un pan de la recherche clinique américaine qui risque de s'écrouler, sans compter les nains qui auraient bénéficié d'un traitement continu jusqu'à la fin de leur adolescence.

Afin d'assurer les objectifs de son programme, l'Institut national de la santé veillait au prélèvement annuel de cinquante mille hypophyses humaines, fournies par un nombre égal de donneurs, à travers l'Amérique. Si jamais les craintes sont dissipées, ce qui peut prendre une couple d'années dans le meilleur cas, l'Institut va-t-il revenir sur sa décision? Certains indices laissent croire que le programme de traitement gratuit des nains ne reverra pas le jour.

Des groupes intéressés à la synthèse des hormones de l'hypophyse par les techniques d'ingénierie génétique et à leur commercialisation ont tout d'abord accusé l'administration américaine d'avoir agi trop précipitamment; les mêmes groupes affirment maintenant, alors que les hormones synthétiques sont prêtes à être lancées sur le marché, qu'une économie de libre entreprise ne saurait tolérer la concurrence de l'État, même dans le domaine de la santé. Comme variation sur un air connu, il vaut mieux être riche et grand que pauvre et nain.

Des vaccins polyvalents

Les gens associent couramment la vaccination au nom de Pasteur; sa découverte est pourtant antérieure d'environ un demi-siècle aux travaux du grand chimiste français. C'est en 1796, en effet, que le médecin anglais Edward Jenner, devenu apprenti chirurgien dès l'âge de treize ans, constata que les garçons de ferme exposés à des vaches atteintes d'une forme de vérole que l'on appelait la vaccine devenaient résistants à la vérole humaine. L'observation était importante car la vérole humaine, au XVIIIe siècle, faisait en Europe des ravages épouvantables; lors de certaines épidémies, elle avait emporté jusqu'à dix pour cent de la population, ce qui était d'un tout autre ordre de grandeur que notre sida contemporain.

Avec le recul du temps, la vaccination selon Jenner nous apparaît d'une simplicité lumineuse. Elle consistait à inoculer aux sujets une maladie bénigne pour l'homme (la vaccine) afin de leur permettre de fabriquer ce que nous appellerions aujourd'hui des anticorps et de résister ultérieurement aux ravages de la vérole humaine. Grâce aux succès des campagnes de vaccination, la vérole est, à toutes fins utiles, disparue de nos populations; sa variante moins grave, la petite vérole, nommée aussi picote ou picote volante, a cessé d'être un fléau au cours des années trente, et elle n'a laissé que de petits cratères cutanés chez ceux et celles qui l'ont contractée auparavant.

Après que Pasteur, inspiré par les travaux de Jenner, eut étendu la notion de vaccination à d'autres maladies infectieuses de l'enfance, en proposant l'inoculation préventive par des virus ou des bactéries atténués, trop faibles pour provoquer la maladie mais assez actifs pour entraîner des réactions immunitaires, les maladies contagieuses de l'enfance ont disparu les unes après les autres. On ne voit plus à la porte des maisons des affiches signalant qu'un enfant est en quarantaine parce qu'il est atteint de rougeole, de diphtérie, de coqueluche ou de scarlatine. Cette série de victoires de la médecine sur les maladies contagieuses a été le principal facteur de l'accroissement de l'espérance de vie dans la population; parallèlement, elle a transformé la recherche biomédicale en une activité triomphale qui survit encore de nos jours.

Pourquoi donc s'intéresser de nouveau à la vaccine et à son virus atténué, qui a conservé son nom d'origine, le vaccin? C'est parce que c'est un gros virus, dont la surface relativement grande se prête à la fixation de plusieurs antigènes susceptibles de provoquer la formation d'anticorps, c'est-à-dire de conférer une résistance envers d'autres maladies infectieuses.

Les premiers travaux ont porté sur l'herpès simplex, sur l'hépatite à virus de type B et sur l'influenza, trois maladies virales qui demeurent encore redoutables chez l'adulte; leurs agents sont des virus à A.D.N. (adénovirus), tout comme le virus de la vaccine. En utilisant les techniques nouvelles du génie génétique, on a réussi à effectuer une «greffe biochimique» des antigènes de ces virus dangereux à la surface du virus de la vaccine. En injectant à des animaux de laboratoire ce nouveau virus polyvalent, ou à tout le moins trivalent, on les protège du même coup contre les trois maladies virales déjà nommées. Les résultats sont excellents et les essais cliniques ne sauraient tarder.

À quand l'inoculation contre le sida? peut-on se demander en ces temps de panique. La réponse la plus prudente que l'on puisse fournir est que les greffes biochimiques analogues à celle qui vient d'être décrite ne peuvent réussir pour l'instant que si les virus appartiennent au même groupe; or le virus de la vaccine est un adénovirus et celui du sida un rétrovirus. Dans l'intervalle, une autre équipe travaille sur le virus du rhume ordinaire, qui est un rhinovirus; sa greffe sur la vaccine ne semble pas réussir à cause d'une différence dans la configuration de la surface, qui empêche l'antigène du rhume de s'y fixer.

Même si cette greffe antirhume réussissait, comme paraissent le faire celles de l'herpès simplex, de l'hépatite B et de l'influenza, et même si les maladies contagieuses de l'enfance semblent disparues du paysage occidental, elles peuvent toujours revenir sous une forme différente, atténuée ou aggravée. Une humanité sans maladies, cela n'existe pas. Et ce n'est pas nous qui les choisissons; ce sont elles qui nous choisissent.

Recherches

La résistance des cellules cancéreuses

Dans le traitement des tumeurs cancéreuses accessibles, la chirurgie demeure la voie d'attaque privilégiée: elle vise à extirper la masse tumorale ainsi qu'une partie des tissus voisins. Malheureusement, cette intervention est rarement suffisante, à cause de la présence de foyers cancéreux secondaires susceptibles de proliférer. Traditionnellement, on a donc eu recours à des thérapies spécialisées afin de lutter contre ces métastases. Les plus connues sont la radiothérapie, introduite dans les années trente, la chimiothérapie, qui remonte aux années cinquante, et l'immunothérapie, qui a commencé à être utilisée il y a environ une dizaine d'années.

Le principe de la chimiothérapie, sur laquelle on continue de fonder de grands espoirs, repose sur un phénomène de toxicité différentielle: les substances utilisées sont toxiques pour toutes les cellules vivantes, mais elles sont encore plus toxiques pour les cellules en voie de division, notamment les cellules cancéreuses. Au fil des années, beaucoup de ces agents chimiothérapeutiques ont été synthétisés et expérimentés, avec des résultats variables selon le type de cancer. Dans de nombreux cas, le début du traitement est prometteur et le patient se voit délivré de ses symptômes; on parle alors de rémission, car on n'ose pas prononcer le mot de guérison au sujet du cancer. La rémission, hélas, est parfois temporaire: quelques semaines ou quelques mois plus tard, les symptômes réapparaissent et le patient devient résistant à tous les autres agents chimiothérapeutiques de l'arsenal actuel. Il s'agit pourtant de substances synthétiques appartenant à des familles chimiques différentes, dont la seule propriété commune est d'être solubles dans l'huile. Quel peut donc être le mécanisme de cette résistance cellulaire étendue à tant de catégories moléculaires?

Dans l'espoir de répondre à cette question, les Instituts nationaux américains de la santé ont tenu récemment un colloque regroupant les cancérologues américains et canadiens les plus distingués. On y a révélé que des chercheurs sans liens communs, à New York, à Toronto, à Harvard et à San Francisco, en sont arrivés aux mêmes hypothèses en ce qui a trait à la résistance cellulaire aux agents anticancéreux. Par exemple, lorsque des cultures de cellules cancéreuses soumises à un agent thérapeutique tel que l'actinomycine deviennent résistantes, elles le deviennent également pour les autres substances anticancéreuses. Les chercheurs ont également constaté que les cellules sensibles laissaient pénétrer facilement les agents chimiothérapeutiques, alors que les cellules résistantes s'opposaient à la pénétration des mêmes substances. On s'est donc tourné vers les membranes cellulaires, et l'on a découvert, à Toronto comme à San Francisco, une glycoprotéine qui diminue la perméabilité des membranes à ces substances anticancéreuses. Cette glycoprotéine, baptisée P170, est codée par un gène qui s'exprime en multiples copies lorsque la cellule devient résistante.

On en a fourni la preuve en insérant dans des cellules humaines l'A.D.N. de cellules animales résistantes: on obtient ainsi des cellules humaines résistantes. Mais le terrain est loin d'être déblayé. Il n'est pas sûr que la résistance à des agents chimiques très divers soit imputable à un seul gène, codant pour une seule glycoprotéine. En attendant, les participants au colloque se sont ralliés à l'espoir formulé par l'un d'eux: si la résistance à la chimiothérapie est le fait d'une glycoprotéine présente dans la membrane cellulaire et si l'on peut fabriquer l'anticorps de cette protéine, on pourra la neutraliser et rendre du même coup les cellules cancéreuses vulnérables à la chimiothérapie.

Vraiment, celui qui avait déclaré un jour que la question du cancer était un mystère enveloppé dans une énigme n'avait pas fait preuve d'exagération.

Des pistes qui reviennent de loin

En apprenant la nouvelle des récents essais cliniques de traitement du cancer au moyen de l'interleukine-2, ceux qui ont reçu leur formation scientifique au cours des années trente ou des années quarante ont peut-être cru retrouver le fantôme de l'abcès de fixation, hypothèse qui devint à la mode vers la fin du XIXe siècle.

Dans la foulée des travaux de Pasteur sur les maladies contagieuses, on avait remarqué une curieuse association entre l'évolution de certains cancers (surtout des sarcomes) et l'apparition de maladies infectieuses telles que la tuberculose. À plusieurs reprises, des chercheurs avaient observé que l'invasion par la tuberculose coïncidait avec la régression ou même avec la disparition complète de la tumeur. On avait alors parlé d'une rémission spontanée du cancer, sans pouvoir en établir le mécanisme.

Au début du XXe siècle, il vint à quelques chercheurs, dont l'Américain Coley, l'idée de provoquer délibérément une infection chez des patients cancéreux, à l'aide de microorganismes tels que *Salmonella* ou, plus tard, du vaccin antituberculeux connu sous le nom de B.C.G. Cette intervention, pour reprendre le langage de l'époque, consistait à induire un abcès de fixation, c'est-à-dire à stimuler les défenses du malade par une infection bénigne, dans l'espoir que les cellules cancéreuses, considérées également comme une source d'infection, soient détruites par les mécanismes de défense de l'organisme. Rapidement, les préparations de Coley, communément appelées les toxines de Coley, devinrent l'arme de choix dans le traitement du cancer. À tel point qu'en 1934 l'Association médicale américaine déclarait officiellement que les toxines de Coley constituaient l'arme principale de la lutte anticancéreuse. Dans les années qui suivirent, on commença à déchanter: il était difficile de mesurer, chez des malades déjà affaiblis par l'apparition d'un cancer, le degré d'infection juste nécessaire pour stimuler les défenses naturelles.

Il y a des modes en thérapeutique comme il y en a pour les chapeaux. On se lassa de Coley et l'on se tourna vers de nouvelles techniques apparues à l'horizon: la chirurgie pour les tumeurs accessibles, la radiothérapie et la chimiothérapie pour les autres. Cette triple orientation explique pourquoi, jusqu'à ces dernières années, le traitement offert à un patient cancéreux dépendait pour une grande part du spécialiste consulté en premier lieu: le scalpel, la radiation ou la drogue, et, plus récemment, une combinaison de ces thérapeutiques.

Néanmoins, d'autres chercheurs, au nombre desquels Old, de l'Institut Sloan-Kettering à New York, n'avaient pas abandonné la piste de l'abcès de fixation et son corollaire, la stimulation des défenses naturelles de l'organisme. En 1971, Old identifia dans le sérum normal un facteur antitumoral synthétisé par certains globules blancs, facteur dont la concentration augmentait en présence de certaines infections ou de certaines tumeurs. Afin d'être bien assuré de ses résultats, Old attendit jusqu'en 1975 avant de publier sa découverte. Cette prudence, à une époque où certains chercheurs se précipitent vers les micros à la moindre occasion, coûtera peut-être à Old le prochain prix Nobel, mais elle ne nuira pas à sa réputation.

Depuis 1984, loin de la cohue provoquée par le sida, les travaux sur le facteur antitumoral se sont multipliés. Ils ont montré que ce facteur était identique à celui qui provoque l'amaigrissement rapide des individus qui sont envahis par une infection grave, ou par le cancer ou par le sida. On croit que l'effet du facteur antitumoral s'exerce par l'intermédiaire de substances naturelles telles que les interférons ou les interleukines. D'où l'instauration récente d'essais cliniques avec l'interleukine-2, sous les auspices de l'Institut national du cancer des États-Unis, dirigé par le docteur Rosenberg. La nouvelle est réjouissante, mais le battage publicitaire qui l'entoure rejette dans l'ombre les recherches antérieures.

On aimerait croire que la recherche scientifique, surtout lorsqu'on la présente comme un espoir pour des millions de malades, n'est pas subordonnée à la course aux honneurs.

Des échanges antibiotiques suspects

Tout le monde connaît cette histoire idiote de l'élève qui, ayant appris que l'oxygène avait été découvert par Lavoisier, s'inquiétait de savoir comment les gens s'y prenaient auparavant pour respirer.

On peut en rapprocher l'opinion, fort répandue de nos jours, que le génie génétique n'existe que depuis les années soixante-dix et qu'il n'y avait pas, avant cette époque, d'échange de gènes entre les bactéries. En vérité, ce que les chercheurs ont réussi sous le nom de génie génétique, c'est la modification délibérée des molécules génétiques bactériennes et leur propagation ultérieure d'une cellule à l'autre. Mais le transfert de plasmides, c'est-à-dire de fragments d'A.D.N., réalisé entre les bactéries par simple contact, existe depuis que les bactéries existent, soit depuis plusieurs centaines de millions d'années. Plus de dix ans après la conférence d'Asilomar, au cours de laquelle les biologistes moléculaires s'étaient entendus pour multiplier les précautions dans le domaine du génie génétique, c'est dans l'optique d'une longue histoire qu'il faut envisager les risques de recombinaisons génétiques. En effet, les risques de voir proliférer une bactérie extrêmement toxique obtenue par recombinaison génétique semblent faibles en regard des dommages déjà causés par l'intervention humaine dans la lutte contre les bactéries, en particulier par l'emploi, depuis les années quarante, des antibiotiques de toute sorte.

Avant d'aborder cette question, il faut rappeler que les antibiotiques: pénicilline, streptomycine, tétracycline et autres, sont des substances naturelles (ou leurs dérivés), élaborées depuis toujours par des bactéries ou par des moisissures qui n'avaient pas attendu Fleming pour le faire. Ces antibiotiques ont vu leur utilité reconnue parce qu'ils étaient toxiques à l'égard de bactéries pathogènes avec lesquelles ils entraient en contact. Quelques-unes de ces bactéries, par échange de plasmides, pouvaient acquérir une résistance à l'égard de tel ou tel antibiotique, et la transmettre à d'autres bactéries. Le phénomène, cependant, était à peu près sans gravité, limité aux seuls antibiotiques produits naturellement en petite quantité.

La situation a changé du tout au tout depuis l'introduction massive des antibiotiques dans l'environnement, non seulement pour combattre les maladies infectieuses de l'homme et des animaux, mais pour accroître leur résistance et, dans le cas des animaux d'élevage, pour stimuler leur croissance. Aux États-Unis seulement, quinze millions de kilos d'antibiotiques sont produits annuellement; une situation équivalente prévaut dans les pays industrialisés du monde occidental. Dans les pays du Tiers-Monde, les antibiotiques sont souvent accessibles sans ordonnance. Même chez nous, ils sont fréquemment administrés sans motif valable: ainsi, six médecins nord-américains sur dix prescrivent des antibiotiques contre le rhume ordinaire, en l'absence de toute efficacité reconnue. Comme il était à prévoir, l'usage abusif des antibiotiques a multiplié le taux de résistance bactérienne acquise. Certaines souches sont devenues résistantes à la gonorrhée, à la tuberculose ou à la méningite; les souches non résistantes sont évidemment éliminées et leur proportion relative diminue. Par voie de conséquence, il est facile de prévoir que les futures infections seront de plus en plus le fait de bactéries pathogènes résistantes.

À l'heure actuelle, le quart des maladies infectieuses causées par *Salmonella* (y compris la fièvre typhoïde) résiste à un ou à deux antibiotiques. Une récente étude rétrospective, sur des souches bactériennes conservées en vase scellé entre 1917 et 1954, a montré que l'apparition de plasmides renfermant des gènes de résistance est postérieure à l'introduction des antibiotiques en thérapeutique et en prophylaxie.

On ne peut guère se consoler à la pensée que les manipulations génétiques sont potentiellement moins dangereuses que les antibiotiques: elles sont une menace nouvelle qui s'ajoute à une ancienne.

Une circulation sur mesure

Ce n'est pas assez de dire que l'organisme humain est une merveilleuse machine; mieux, c'est un système composé de plusieurs systèmes, tous aussi fabuleux les uns que les autres: le système à digérer, le système à respirer, le système à circuler, le système à éliminer, le système à recevoir et à transmettre des messages, le système à penser, à rêver, à aimer, à créer.

Arrêtons-nous à l'un de ces systèmes, celui qui fait circuler le sang. On connaît peu la circulation du sang; mal si on a seulement parcouru des traités d'anatomie, à peine si on l'a étudiée sur des cadavres, mieux si on a pu l'observer chez des animaux vivants ou, comme le font les chirurgiens, chez l'homme lui-même. Mais la plus patiente des observations ne résoudra pas cette énigme, qui est l'une des plus fondamentales de la biologie: comment s'effectue la croissance du système circulatoire, avec son cœur à quatre chambres (gros comme le poing, dit-on, mais le poing du bébé devient le poing de l'adulte), avec ses artères et artérioles, avec ses veines et veinules; entre elles, un réseau d'une quarantaine de milliards de vaisseaux capillaires, vaste mer intérieure d'une surface supérieure à celle du corps, en contact avec chacune des cellules de l'organisme, mer invisible sauf en cas de coupure ou de lésion: en tout, cinq à six litres de sang, propulsés de façon rythmique par la double pompe du cœur et transformés en flot continu grâce à l'élasticité des vaisseaux. Ce réseau vasculaire, plus complexe et infiniment plus ramifié que ceux que l'on voit sur les cartes géographiques, comment change-t-il de taille en passant successivement de l'âge du nouveau-né à celui de l'adulte? Comment s'adapte-t-il à l'accroissement de la masse musculaire au cours de l'exercice? Comment réagit-il à l'apparition d'une tumeur cancéreuse?

Ce sont là des questions de première importance, auxquelles on ne possédait pas de réponses satisfaisantes, jusqu'à ces derniers temps. Dans le cas des plus gros vaisseaux, artères et veines, on imaginait une croissance par usure des parois intérieures et par épaississement des parois extérieures, double phénomène qui augmenterait le diamètre des tubes. Pour les capillaires, le mécanisme doit être différent puisque leur paroi n'est formée que d'une seule couche de cellules. Le système ne peut donc croître que par allongement, mais quels peuvent être les facteurs qui entrent en jeu dans cet allongement, dans cette angiogénèse, nom sous lequel on désigne la formation des vaisseaux sanguins?

Après plus de vingt années de recherches, une équipe de l'Université Harvard vient d'isoler un facteur de croissance, une protéine naturellement baptisée angiogénine, qui stimule la croissance des capillaires. Les chercheurs l'ont purifiée, ont déterminé la séquence des acides aminés qui la constituent et ils s'apprêtent à en mesurer les effets dans diverses conditions physiologiques et pathologiques. On sait, par exemple, que de nouveaux vaisseaux sanguins sont requis dans la formation de tissu adipeux, à la proportion d'un kilomètre de capillaires pour chaque kilo de graisse; la croissance des tumeurs cancéreuses nécessite également l'apport de nouveaux capillaires. Dans ces deux cas qui nous servent d'exemple, l'inhibition de l'angiogénèse entraînerait des effets bénéfiques pour l'organisme, empêchant l'envahissement de l'organisme, soit par la graisse, soit par la tumeur. Cet effet inhibiteur, une autre équipe vient précisément de le mettre en évidence chez l'embryon animal, dont le réseau capillaire est plus facile à étudier. On a découvert qu'une hormone du type hydrocortisone agissait comme antagoniste de l'angiogénine, s'opposant ainsi à la croissance des capillaires.

On dispose donc désormais de deux facteurs opposés grâce auxquels on peut espérer moduler la croissance des capillaires, selon les besoins. Mais on aurait tort de croire que le fonctionnement des capillaires est aussi simple que cela: il participe de la complexité insaisissable du vivant.

Un coup dur pour le code génétique

Il surgit parfois dans l'évolution de la pratique scientifique, et de façon quasi miraculeuse, de grandes hypothèses unificatrices dont les confirmations expérimentales rassemblent en faisceau des données jusqu'alors disparates. Ce fut notamment le cas en 1952, au congrès international de biochimie à Paris, alors que Watson et Crick proposèrent la structure en double hélice de l'A.D.N. et son rôle capital dans le codage de toutes les protéines qui président à la synthèse des enzymes de la cellule vivante, donc de toutes ses activités normales et anormales.

Grâce à ce long filament de bases puriques et de bases pyrimidiques, reliées entre elles par des dérivés phosphorés et par des sucres, on crut tenir enfin le code génétique, la clé ultime de la vie moléculaire de toutes les espèces vivantes, animales et végétales. Les années qui suivirent ne firent que confirmer la prédominance du code génétique, mis en cause dans les maladies métaboliques: elles virent poindre l'espoir que les malformations génétiques céderaient devant le génie génétique, c'est-à-dire devant la possibilité de corriger un gène défectueux ou d'introduire un gène normal synthétisé tout exprès.

Les années soixante firent naître des théories encore plus audacieuses. Puisque le code génétique présidait à toutes les manifestations métaboliques, ne pouvait-on imaginer que les comportements eux-mêmes lui étaient soumis et qu'ils manifestaient le caractère inéluctable déterminé par le code génétique? Appliquée aux insectes par Wilson, cette théorie moléculaire du comportement, connue sous le nom de sociobiologie, traversa des années houleuses de gloire et de polémique, qui sont loin d'être apaisées. Ramenant le comportement des animaux à celui des automates, des machines que décrivait déjà Descartes, Wilson retirait du même coup aux insectes et aux autres animaux toute liberté de choix spontané. Le système nerveux lui-même, moteur de tous les comportements, était-il donc asservi aveuglément au code génétique?

C'est alors qu'on se rappela l'observation de Jean-Pierre Changeux, éminent chercheur de l'Institut Pasteur. Changeux avait fait remarquer que le cerveau humain renferme une dizaine de milliards de neurones, mais un million de fois plus de synapses. En d'autres mots, l'organisme ne possède pas assez de gènes pour régir toutes les synapses du système nerveux. Grâce à cette brèche, les recherches expérimentales vinrent ébranler l'édifice monolithique du code génétique. Changeux lui-même, expérimentant sur le cortex visuel des embryons de poulet, montra que l'obturation d'un des deux yeux favorisait l'apparition de neurones visuels dans l'œil intact, sans aucune intervention génétique. D'autres étendirent ces résultats au thalamus animal et même à des humains victimes de radiations avant la naissance. Plus récemment, des chercheurs de Harvard et de l'Université de Californie établirent que les décharges de neurotransmetteurs au niveau des synapses n'étaient pas fixées une fois pour toutes selon le code génétique, mais qu'elles présentaient des variations chez les neurones moteurs, même à des stades avancés de développement. À l'heure actuelle, toujours à l'Université de Californie, on est en train de prouver que des influences hormonales, donc extragénétiques, agissent sur le fonctionnement des nerfs moteurs.

En fait, si l'on parle de coup dur pour le code génétique, c'est surtout dans le sens du raffinement de son énoncé original. Tout ce qui avait été trouvé demeure vrai; on ne fait que nuancer les emportements du début. C'est ainsi, heureusement, que procède la pratique scientifique.

Vers une biologie moléculaire de l'immunité

C'est au cours des années quarante que la description des mécanismes vitaux a emprunté le langage de la biologie moléculaire: l'explication, en termes biochimiques, de phénomènes aussi divers que la transformation des aliments dans l'organisme, la respiration cellulaire, la contraction musculaire, l'action hormonale, l'activité enzymatique et, plus récemment, la génération et le transport de l'influx nerveux a été renouvelée par la nouvelle discipline.

Dix ans plus tard, l'approche de la biologie moléculaire a trouvé son couronnement grâce à la découverte du code génétique figuré par la double hélice de l'A.D.N., code qui préside à la transmission héréditaire des caractères des êtres vivants et à la synthèse de toutes les protéines des organismes, y compris les enzymes. On croyait la boucle bouclée. Mais, détour inattendu, le miracle renaît avec les découvertes récentes sur le système immunitaire, système entouré d'une triste renommée depuis l'apparition du sida, qui en provoque l'effondrement à plus ou moins long terme.

L'immunologie a pris naissance il y a un peu moins d'un siècle par la découverte que le sérum d'animaux immunisés contre la diphtérie ou contre le tétanos pouvait neutraliser la toxine de la diphtérie ou celle du tétanos, mais de façon très spécifique: l'anticorps de la diphtérie ne pouvait rien contre le tétanos, et celui du tétanos, rien contre la diphtérie.

Il s'ensuivit une longue période de silence et ce n'est que dans les années soixante que l'on vint à considérer l'immunité comme une propriété exclusive de globules blancs appelés lymphocytes, dont on connaissait deux types: les lymphocytes B, producteurs d'anticorps, et les lymphocytes T, investis d'un rôle modulateur mal connu à l'époque. Pour se limiter aux lymphocytes B, on fut étonné d'apprendre qu'ils étaient dix fois plus nombreux que les neurones du système nerveux, soit environ cent milliards de cellules. Particulièrement concentrés dans la rate, dans le thymus et dans la moelle osseuse, leur présence dans le sang et dans la lymphe les place en contact avec toutes les cellules de l'organisme, sauf, paradoxalement, avec les neurones. On dirait un second cerveau, diffus mais d'une population cellulaire dix fois supérieure à celle qui est enfermée dans la boîte crânienne. Ce cerveau, que l'on pourrait surnommer le cerveau immunologique, fabrique autant d'anticorps individuels différents qu'il rencontre d'antigènes dictincts; il possède même un répertoire de défense à l'égard de molécules étrangères nouvelles avec lesquelles il n'a jamais été en contact. Vue sous cet angle, l'immunité exprime la lutte d'un anticorps (fabriqué par les lymphocytes B) contre un antigène introduit dans l'organisme.

Chose plus étrange encore, les lymphocytes possèdent leur propre code, dérivé du code génétique général, et dont le mécanisme peut être figuré par analogie avec le langage. Si les acides aminés représentent les mots de ce langage et les protéines des paragraphes entiers, les structures intermédiaires (les polypeptides) ressemblent à des phrases. Ainsi, le code immunologique s'exprime par la synthèse, à partir d'acides aminés, de polypeptides, c'est-à-dire de phrases chimiques. Reconnaître et combattre un antigène (que l'on pourrait appeler une phrase toxique), c'est fabriquer une phrase inversée qui en serait l'image dans un miroir. Dans cette perspective, l'effondrement du système immunitaire, connu au siècle dernier sous le nom de marasme, et qui prend aujourd'hui la forme du sida, équivaudrait à l'impossibilité de fabriquer des phrases chimiques neutralisantes à l'égard de phrases étrangères, nouvelles et contagieuses.

L'analogie entre l'immunologie et le langage est sûrement la grande surprise de ces recherches récentes. On se souviendra que le célèbre linguiste Chomsky, dans les années soixante, avait postulé l'existence de structures grammaticales profondes, qui rendaient chaque enfant apte à apprendre une langue en bas âge, quelle que soit la complexité de cette langue. De la même façon, il semble bien que nous naissions avec une grammaire immunologique inscrite dans notre bagage génétique, grammaire dont les phrases chimiques assurent notre intégrité, mais dont les faiblesses peuvent nous rendre susceptibles à telle ou telle maladie apportée par un agent étranger. À l'ère des communications, on voit que la biologie moléculaire n'a pas dit son dernier mot.

La pollution chimique et la maladie de Parkinson

En Californie, en 1983, plusieurs douzaines d'héroïnomanes avaient eu la terrible révélation qu'ils présentaient les symptômes de la maladie de Parkinson, cette affection dégénérative du système nerveux, plus précisément de la substance noire du cerveau moyen; on sait qu'elle entraîne à la fois un tremblement des extrémités et une rigidité croissante de la posture corporelle, et que les traitements actuels ne font qu'en reporter l'échéance finale. À la suite d'une enquête minutieuse auprès des héroïnomanes de Californie, on avait soupçonné que l'agent causal était le M.P.T.P., dérivé de la pyridine présent à titre d'impureté dans l'héroïne synthétique fabriquée de façon artisanale par un chimiste clandestin de Los Angeles. Lorsque ce dernier en interrompit la fabrication, les nouveaux cas de parkinsonnisme chez les jeunes toxicomanes disparurent de la région.

La mésaventure a eu l'effet d'entraîner une vague de recherches sur les relations entre le M.P.T.P. et la maladie de Parkinson, vague alimentée par le manque de connaissances sur les mécanismes d'apparition de cette maladie, et par la parenté chimique entre le M.P.T.P. et certains nouveaux herbicides et insecticides. Certains chercheurs sont d'avis que la dégénérescence nerveuse liée au parkinsonnisme est d'origine génétique; d'autres assurent que la maladie est attribuable en grande partie, sinon en totalité, à la pollution chimique du milieu par des substances du type M.P.T.P.

Réunis en congrès récemment, les tenants de la théorie héréditaire ont réaffirmé leur conviction en faisant valoir que la maladie naturelle présentait, au niveau des neurones touchés, des particularités que l'on ne retrouvait pas dans la même affection provoquée par le M.P.T.P. ou par des molécules analogues.

Au même congrès, une équipe dirigée alors par le docteur André Barbeau, de l'Institut de recherches cliniques de Montréal, est venue apporter de nouveaux arguments en faveur d'une intoxication par des substances synthétiques, surtout des herbicides (y compris le paraquat) appartenant à la même famille chimique que le M.P.T.P. À l'appui de sa thèse, le docteur Barbeau a rappelé que la maladie de Parkinson, décrite pour la première fois en 1817, était à toutes fins utiles inconnue avant la deuxième révolution industrielle, et que sa recrudescence au XXe siècle a suivi l'usage généralisé des herbicides et, plus récemment, des insecticides dérivés de la pyridine. Il a présenté les résultats d'une étude épidémiologique portant sur cinq mille individus atteints de la maladie de Parkinson et habitant les neuf bassins hydrographiques de la province de Québec. La corrélation entre l'usage des pesticides et le parkinsonnisme est à peu près parfaite. Par exemple, l'incidence de la maladie est sept fois plus grande dans les régions où l'on utilise beaucoup de pesticides que dans les régions où ils sont peu employés. Selon le docteur Barbeau, les pesticides ne sont néanmoins qu'une classe parmi les substances synthétiques pouvant provoquer des dégénérescences cérébrales du type Parkinson. C'est une façon de dire que l'introduction massive dans notre milieu de substances étrangères aux êtres vivants qui l'habitent est susceptible d'entraîner à la longue des conséquences néfastes.

«À la longue»: cette expression est reçue différemment selon les individus. Il y en a qui s'alarment devant une menace de gravité incertaine: on en a vu un exemple dans le cas de la M.I.U.F. D'autres tentent de minimiser des risques beaucoup plus aigus, comme la fabrication d'isocyanate ou d'autres produits hautement toxiques, affirmant qu'on ne peut pas arrêter le progrès. Il y a également ceux qui déplorent l'ignorance ou l'opportunisme dont s'inspirent les décisions en ces matières. À l'extrême, il y a ceux qui connaissent les risques et qui les cachent délibérément aux futures victimes. Ce sont eux les vrais responsables.

Les horloges biologiques du fœtus

La découverte des horloges biologiques, ou rythmes circadiens, au début des années soixante-dix, aurait dû ouvrir la voie à l'étude en profondeur du temps biologique, non pas du temps extérieur marqué par les montres ou par les horloges, mais du temps intérieur, à peu près équivalent à celui d'une journée, qui rythme l'alternance de la veille et du sommeil, la sécrétion de certaines hormones et jusqu'à l'activité des enzymes. Sauf exception, la communauté scientifique a passé outre.

Cette négligence est peut-être le reflet du peu d'importance que notre civilisation technologique accorde au temps secret inscrit dans nos cellules vivantes. On a vu, par exemple, au nom de la productivité, des entreprises imposer aux employés des horaires de nuit ou des horaires postés qui ne tenaient aucun compte des rythmes naturels d'activité et de repos; le résultat, c'est que de nombreux travailleurs manifestent des signes encore mal définis d'inadaptation à ces horaires artificiels: stress, manque de vigilance, fatigue nerveuse et troubles psychosomatiques de toute sorte.

Les horloges biologiques, chez l'homme et chez les animaux, se manifestent par des changements périodiques de l'activité cellulaire sous l'influence des alternances de la lumière et de l'obscurité. On a trouvé récemment qu'elles avaient leur siège dans un des noyaux de l'hypothalamus, la glande maîtresse de l'organisme, celle que Descartes appelait la glande pinéale et dont il faisait le lieu privilégié de l'âme. Ce noyau clé de l'hypothalamus, bien qu'il ne joue aucun rôle dans la vision, est en relation nerveuse avec les yeux, ce qui tend à expliquer l'articulation des horloges biologiques aux cycles du jour et de la nuit. La relation nerveuse n'étant pas présente chez le nouveau-né, on a supposé que les horloges biologiques commençaient à se manifester quelque temps plus tard, de façon graduelle. Cette hypothèse a été renversée en 1977 lorsqu'on a décelé, chez le rat, l'existence de rythmes circadiens antérieurs à l'établissement de circuits nerveux.

La question s'est alors posée de savoir à quel moment les horloges biologiques commençaient à fonctionner. La réponse qui vient d'être donnée est double: chez le rat, dont la durée de gestation est de vingt-deux jours, les horloges fonctionnent quatre jours avant la naissance, et le signal du départ est donné par l'organisme maternel. Pour en fournir la preuve, on a injecté à des rates enceintes un dérivé du glucose, lequel pénètre dans les centres nerveux de la mère et du fœtus, et dont le taux de métabolisme fluctue selon la succession des jours et des nuits. On s'est aperçu par ce signal chimique que l'horloge biologique du fœtus, déclenchée, comme on l'a dit, quatre jours avant la naissance, se mettait à battre en synchronisme avec l'horloge de la mère. Des résultats identiques ont été obtenus chez le sagouin, espèce de singe mieux connue ici sous son appellation féminine. On en a conclu, en généralisant peut-être hâtivement, que les horloges biologiques se manifestent avant la naissance chez les animaux supérieurs et probablement chez l'homme. Précision supplémentaire: l'influence régulatrice de la mère persiste quelque temps après la naissance, mais si l'on sépare le nouveau-né de sa mère pour le confier à une autre, ses rythmes biologiques se calqueront progressivement sur ceux de la mère adoptive.

On aimerait bien savoir à quoi servent ces horloges biologiques omniprésentes qui se manifestent si tôt au cours du développement, que l'on peut mettre en évidence chez le fœtus humain au septième mois de gestation. Pour l'instant, on se contente de risquer des hypothèses. On suppose que, chez le rat, les horloges biologiques jouent un rôle dans le déclenchement de la naissance, par un mécanisme encore inconnu.

Plus on avance dans la connaissance des horloges biologiques, plus il apparaît qu'on devrait tenir compte davantage de l'alternance naturelle des heures de lumière et d'obscurité, particulièrement chez les sujets dont l'organisme est fragile. On songe, en particulier, aux nourrissons qui sont gardés dans les pouponnières et aux malades soumis aux soins intensifs; les uns et les autres auraient peut-être plus de chances de récupérer si l'on tenait compte du jour et de la nuit, ne serait-ce qu'en adaptant l'éclairage dont on les inonde aux fluctuations naturelles de leurs rythmes circadiens. Les horloges cellulaires n'ont pas fini de faire parler d'elles, ni en thérapeutique ni dans la vie quotidienne.

La lutte pour le territoire

Lorsque les questions d'environnement sont revenues à la mode au cours des années soixante, on pensait surtout à la qualité de l'air et de l'eau, ainsi qu'à la protection des espaces naturels contre les interventions excessives de l'homme. Occupés à défendre ces nobles causes et à protéger les espèces animales et végétales menacées, plusieurs écologistes ont oublié que, pour la majorité des gens, l'environnement était avant tout un environnement urbain.

Pour plus de la moitié de la population qui travaille, le milieu quotidien est non seulement urbain, il se limite à un bureau, semblable à des milliers d'autres bureaux logés dans des édifices en hauteur. Depuis quelques années, on commence à s'apercevoir que ce milieu artificiel réveille des comportements primitifs hérités de nos lointains ancêtres reptiliens, dont notre cerveau humain a gardé quelques structures neurologiques. Ces comportements se manifestent surtout dans les questions de territoire, auxquelles sont intimement liés des problèmes de statut social et de hiérarchie. Il est bien connu, par exemple, que le bureau attribué à un cadre supérieur doit être plus vaste que ceux de ses subordonnés, et qu'il est en revanche plus restreint que ceux de ses supérieurs hiérarchiques. La proportion grandissante de ceux que l'on appelle les collets blancs ou les professionnels a donc obligé les grandes entreprises à repenser l'allocation des espaces de travail.

Le cas de la société Union Carbide est typique à cet égard. Il y a cinq ans, le siège social était situé au cœur de Manhattan, dans une tour à bureaux de cinquante-deux étages donnant sur Park Avenue et qui logeait environ deux mille professionnels. Le directeur général avait un bureau de huit cent soixante-quinze pieds carrés (quatre-vingts mètres carrés) et ses subordonnés travaillaient dans des bureaux de cent à trois cent soixante-quinze pieds carrés (de neuf à trente-cinq mètres carrés), selon leur niche au sein de l'organisme. Personne, sauf peut-être le directeur général, n'était heureux de la situation. À mesure que les cadres, au cours de leur carrière, recevaient des promotions, ils exigeaient immédiatement des bureaux moins exigus. Après avoir consulté des psychologues en environnement de travail, la direction dut se résigner à abandonner la tour de cinquante-deux étages et à aller occuper en banlieue un édifice tout neuf qui ne compte que quatre étages et qui s'étale sur dix-huit acres. Tout le monde a maintenant un bureau uniforme, de treize pieds et demi (quatre mètres) sur treize pieds et demi. Cette belle égalité de l'environnement, scientifiquement planifiée, n'a pas procuré la sérénité à tous les employés. Certains ont réclamé des espaces supplémentaires, sous prétexte de les utiliser pour des réunions; d'autres ont exigé une vue sur les sous-bois plutôt que sur les cours intérieures. L'inégalité des territoires a été peu à peu rétablie.

Les querelles relatives au territoire ne sont pas exclusives à l'Amérique du Nord, mais elles semblent y être plus répandues qu'ailleurs. En Suède, seule la haute direction a droit à des bureaux plus vastes que ceux des cadres; ces derniers sont logés de façon rigoureusement identique. Au Japon, à part la direction générale, tout le personnel travaille dans des aires ouvertes, mais personne ne s'en plaint: l'espace n'y est pas considéré comme un bien personnel mais comme une propriété de l'entreprise.

Chez les animaux, l'étude des comportements, qui porte le nom d'éthologie, a maintenant acquis le statut de discipline scientifique à part entière, couronné récemment par un prix Nobel. L'éthologie, chez l'homme, en est encore à ses balbutiements et relève de la psychologie empirique. Cette situation s'explique par notre réticence à admettre qu'une partie de nos comportements relève de structures neurologiques primitives présentes chez les animaux inférieurs. Pourtant, si nous devenions conscients de ces entraves, nous éprouverions plus fréquemment le désir de les maîtriser, de renoncer, par exemple, à la domination et à la violence, bref, de devenir plus humains.

L'extinction des espèces

On estime qu'environ quatre milliards d'espèces vivantes, animales et végétales, ont habité notre planète, la plupart depuis six cent millions d'années. Il n'en reste plus aujourd'hui que quelques millions, moins d'un dix-millième des espèces apparues depuis l'émergence de la vie terrestre. On peut donc raisonnablement conclure que l'extinction des espèces, au cours des temps, a été plus significative que leur apparition. Considérée sous cet angle, la théorie de l'évolution des espèces, proposée par Darwin au siècle dernier, devrait être nuancée afin de tenir compte non seulement des changements apportés aux espèces vivantes par la sélection naturelle mais également des conséquences de leur extinction périodique.

Les indices de ces extinctions périodiques existaient déjà à l'époque de Darwin; on les connaissait sous le nom de chaînons manquants, de *missing links;* ils correspondaient à des interruptions dans la succession des fossiles au sein des couches géologiques. Ces coupures donnaient à croire que certaines espèces avaient disparu brusquement pour être remplacées, quelques millions d'années plus tard, par de nouvelles espèces sans parenté avec les disparues. Darwin avait préféré les ignorer, ou les attribuer à des changements graduels résultant de l'interaction des espèces.

Depuis les premiers travaux d'Alvarez, publiés en 1980, on ne peut guère ignorer l'importance de ces extinctions massives, survenues à des intervalles d'à peu près trente millions d'années, depuis environ six cents millions d'années. La plus massive de ces extinctions, survenue à la fin du Crétacé, il y a environ soixante-cinq millions d'années, est demeurée célèbre par la disparition des dinosaures. Mais les spécialistes rappellent que les dinosaures ne comprenaient qu'une vingtaine d'espèces, une proportion négligeable de la totalité des êtres vivants disparus à cette époque. La disparition des dinosaures n'est peut-être que l'un des épisodes catastrophiques qui ont jalonné la longue histoire de l'évolution.

La théorie originelle de Darwin, sélection naturelle et survie des plus aptes, n'arrive pas à tenir compte des extinctions et des apparitions brusques d'espèces, même si l'on y ajoute, comme on l'a fait à partir de 1940, le rôle des mutations. Ces mutations brusques n'interviennent qu'à l'intérieur d'une espèce donnée, alors que les extinctions intéressent non seulement des espèces mais des genres, des familles et même des ordres. Il n'est pas sûr que le néo-darwinisme, qui a survécu à ses faiblesses conceptuelles en créant un nouveau dogmatisme, puisse se tirer intact du phénomène des extinctions et de la théorie catastrophique qui essaie d'en rendre compte.

Les partisans de la théorie catastrophique invoquent comme cause principale des grandes extinctions survenues à la fin du Crétacé la collision de la Terre avec un astéroïde. Le choc provoqué par une telle collision aurait soulevé des centaines de kilomètres cubes de poussières ultérieurement dispersées autour du globe par le jeu des grands vents stratosphériques, avant de retomber au sol. Dans les couches terrestres correspondant à cette époque de la fin du Crétacé, on retrouve une distribution de certains éléments tels que l'iridium et l'osmium, caractéristique de celle que l'on rencontre dans les météorites.

Ces récentes découvertes, en plus de remettre en cause certains aspects fondamentaux de la théorie initiale de Darwin, en ébranlent le dogme principal, qui consistait à affirmer que l'évolution des espèces procède par changements graduels, en donnant naissance à des espèces de mieux en mieux adaptées, c'est-à-dire supérieures; une théorie qui s'accordait tout à fait avec la philosophie progressiste du XIXe siècle, pour laquelle chaque nouveauté constituait un signe de progrès irréversible pour l'humanité.

La théorie catastrophique ne postule pas un progrès inéluctable; elle se fonde sur l'hypothèse de cycles successifs de création et de destruction. Mais il se peut qu'elle soit plus conforme à la réalité; la notion de progrès n'est peut-être qu'une fiction commode, comme celle de l'évolution ascendante.

Controverses

Le moustique et le marteau-pilon

La principale vertu de la science, dit-on, réside dans son impartialité; elle n'aime s'appuyer que sur les faits observés et, lorsque des données inédites se font jour, elle modifie ses théories afin de les adapter aux réalités nouvelles. Mais dans certains domaines, comme celui de l'évolution des espèces, la communauté scientifique a l'épiderme sensible: la moindre critique l'énerve, comme le ferait un moustique; elle écrase alors le moustique avec un marteau-pilon. Il y a pourtant un proverbe oriental qui affirme qu'on ne saurait écraser une fourmi avec une patte d'éléphant.

Le moustique, cette fois, c'est le créationnisme, doctrine inspirée par le récit biblique de la création, dont les zélateurs essaient d'obtenir que, dans les écoles américaines, son enseignement soit donné parallèlement à celui de la théorie de l'évolution des espèces. Les scientifiques ont réagi vivement à cette tentative en faisant valoir que le récit biblique de la création n'était qu'une fable sans fondement théorique ni expérimental, alors que la théorie de l'évolution des espèces, proposée par Darwin au siècle dernier, s'appuie sur un nombre impressionnant de travaux et de découvertes.

Les créationnistes ont voulu, eux aussi, se donner un maquillage scientifique: ils comptent parmi leurs membres des chercheurs, à tout le moins des gens qui possèdent des diplômes. Ils ont fondé un Institut de recherches sur la création ainsi qu'une Société de recherches sur le créationnisme. En 1980, le président de la Société, Henry Morris, a publié un ouvrage dans lequel il affirmait que la doctrine du créationnisme, loin de s'appuyer uniquement sur la Bible, n'en tenait pas compte et se fondait exclusivement sur des données scientifiques. Bien entendu, l'auteur ne révélait pas la source de ses données scientifiques. Ce n'était donc qu'une piqûre de moustique.

Malgré tout, la piqûre exerça son effet: en 1982, deux professeurs d'université orthodoxes, Scott et Cole, entreprirent de rechercher, dans les publications scientifiques des trois années antérieures — ils en examinèrent trois mille —, les fameuses données scientifiques relatives au créationnisme. Naturellement, ils n'en découvrirent aucune. Ou plutôt si: ils dénichèrent dix-huit publications sur des sujets aussi divers que la technologie des aliments, les vibrations dans les ailes d'avion et l'action de divers polluants sur les micro-organismes aquatiques. Naturellement, ils tombèrent sur quelques articles consacrés à la controverse entre créationnistes et évolutionnistes, mais rien qui fût de nature à faire progresser le débat. Scott et Cole résumèrent récemment leur longue, trop longue recherche en affirmant que les créationnistes ne possédaient aucune preuve scientifique, ce que tout le monde savait. Ce coup de marteau-pilon va-t-il mettre un terme à l'offensive du moustique?

Pas du tout. Déjà, les tenants du créationnisme se plaignent de ce que la communauté scientifique les persécute et, recourant aux pressions et au chantage, les empêche de publier dans les revues sérieuses. On peut être assuré que ce débat va recommencer ailleurs, sous une autre forme, car il échappe à la science.

Il en est de même pour l'astrologie. Sous la forme où elle est présentée actuellement, elle n'est que la caricature d'une science évanouie. Néanmoins, des savants éminents, et même des prix Nobel, émettent régulièrement des communiqués pour la dénoncer. Des astronomes, convaincus que l'astrologie envahit leur domaine, entrent dans la bagarre, en y mettant le poids de leur prestige et de leurs connaissances. Pendant ce temps, l'astrologie, dans la tête des gens, conserve sa vogue et sa fascination, pour des motifs qui n'ont rien à voir avec la science expérimentale telle que nous la connaissons.

Dans le cas du créationnisme comme dans celui de l'astrologie, la lutte du moustique contre le marteau-pilon est sans cesse recommencée, comme la mer dont parlait Valéry. Parce que ce n'est pas une lutte entre la vérité et l'erreur. C'est un combat entre une forme antique de croyance, que l'on appelle la superstition, et une forme contemporaine de croyance, qui prend parfois l'apparence d'une soumission à l'ordre scientifique établi.

Il ne faut pas trop creuser l'une et l'autre croyance, car, comme le disait le grand biochimiste Chargaff, tout ce qu'on regarde assez longuement finit par paraître ridicule surtout lorsqu'on n'y comprend rien.

Le génie génétique: désinvoltes et alarmistes

Les praticiens des sciences «dures» en vantent le degré de certitude; les spécialistes des sciences «molles» s'enorgueillissent de la complexité de leur sujet. Cela crée à l'occasion de pittoresques rivalités, comme il s'en est produit récemment à l'occasion d'un symposium sur l'utilisation dans la nature d'organismes obtenus par le génie génétique. Ce symposium réunissait pour la première fois des «durs», c'est-à-dire des biologistes moléculaires, et des «mous», en l'espèce des écologistes.

On se souviendra qu'il y a une dizaine d'années, à l'occasion de la célèbre conférence d'Asilomar, les biologistes moléculaires s'étaient entendus entre eux pour exprimer leurs craintes devant les dangers éventuels de certaines manipulations génétiques; ils avaient établi pour les expériences futures une liste de précautions à prendre, précautions d'autant plus contraignantes que le risque de prolifération dans les milieux naturels paraissait plus élevé. En dépit de leurs bonnes intentions, une tentative effectuée en 1984 par un groupe de biologistes moléculaires de l'Université de Californie, aux fins d'augmenter génétiquement la résistance au gel de plants de petits pois, avait été combattue devant les tribunaux par l'écologiste Jeremy Rifkin. Ce dernier a d'ailleurs été débouté depuis.

Au cours du symposium mentionné précédemment, la discussion entre le groupe des biologistes moléculaires et celui des écologistes s'est faite justement dans le domaine des applications du génie génétique à l'agriculture. Par exemple, les participants ont entendu une proposition de la biologiste moléculaire Lydia Watrud, attachée de recherches auprès de la grande multinationale Monsanto; elle suggère d'introduire un gène toxique dans une bactérie du type *Bacillus Thuringensis*, le même bacille que l'on veut utiliser ici contre la tordeuse du bourgeon d'épinette. Le gène toxique une fois multiplié serait réintroduit dans une autre bactérie du genre *Pseudomonas*, laquelle possède la propriété de se fixer sur les racines d'espèces végétales telles que le maïs, le chou et le tabac. La toxicité du gène ainsi inséré serait limitée aux insectes du groupe des lépidoptères, c'est-à-dire à des papillons tels que la ptéride du chou et la pyrale du maïs. Mais les écologistes ne l'ont pas entendu de cette oreille. Ils demandent la preuve que la bactérie génétiquement modifiée ne nuira ni aux abeilles ni aux autres insectes bénéfiques. En somme, ils exigent des certitudes de la part de ceux qui font profession d'en posséder plus qu'eux-mêmes. Le maïs a le temps de faire sa croix.

D'autre part, les écologistes semblaient plutôt d'accord avec un projet de recherches visant à modifier génétiquement des céréales telles que le maïs, de façon à les rendre résistantes à de nouveaux herbicides beaucoup plus puissants que ceux qui sont actuellement utilisés. Malheureusement, ces nouveaux herbicides possèdent l'inconvénient d'être toxiques à l'égard de toutes les plantes, y compris le maïs. C'est cet inconvénient que l'ingénierie génétique entend éliminer en créant un maïs superrésistant. Un des participants a suggéré que la meilleure façon de procéder était d'étudier les propositions une à une. En particulier, avant d'autoriser la propagation dans l'environnement de nouvelles espèces produites par génie génétique, il faudrait savoir quels seront les organismes susceptibles d'être envahis par ces espèces et quelles seront les limites de leur nouvelle niche écologique. On a mentionné le cas hypothétique d'une nouvelle bactérie obtenue par génie génétique et destinée à l'arrosage des arbres fruitiers au stade de la floraison; cette bactérie est susceptible d'être transportée à de longues distances par les abeilles butineuses et d'aller se fixer sur des plantes où sa présence serait nuisible.

La conclusion provisoire de ce symposium, c'est que les protocoles expérimentaux à sécurité totale n'existent pas, mais que l'on peut concevoir des expériences offrant un maximum de garanties. Ainsi, les biologistes moléculaires et les écologistes ont pu se quitter sur une sorte de consensus. Les écologistes ont trouvé les biologistes moléculaires plutôt désinvoltes et ces derniers ont trouvé les écologistes plutôt alarmistes. On est toujours l'alarmiste de quelqu'un.

Crise de croissance en biologie moléculaire

Seuls les poètes savent prédire que les fruits passeront la promesse des fleurs; pour les biologistes, même la germination des bonnes idées n'est pas une certitude. Ce qui s'est passé depuis quelque temps dans le champ de la biologie moléculaire en est une illustration saisissante.

En avril 1986, le professeur et prix Nobel Renato Dulbecco avait proposé de mobiliser, à travers le monde, tous les chercheurs intéressés à la biologie moléculaire, afin d'entreprendre en commun la tâche gigantesque d'identifier toutes les séquences de nucléotides qui composent l'ensemble des vingt-trois paires de chromosomes humains. L'objectif était d'obtenir, pour la première fois, la carte détaillée et complète du patrimoine génétique de l'espèce humaine, et de découvrir éventuellement le mécanisme d'apparition de toutes les maladies provoquées par l'absence ou par le défaut de fonctionnement des gènes individuels.

L'idée a été accueillie avec enthousiasme; à quelques mois d'intervalle, deux colloques ont été organisés dans l'intention de cerner davantage la question. Ce qui s'en est dégagé, à l'automne 1986, c'est que l'on avait peut-être visé trop haut et que la recherche biologique elle-même risquait d'y perdre des plumes.

La tâche que l'on avait proposée au printemps 1986 représentait, à bien y réfléchir, un effort financier comparable à celui de la conquête de l'espace à la fin des années cinquante, trois milliards de dollars au bas mot; la multiplication par cinquante de la capacité de recherche actuelle en matière de biologie moléculaire; enfin, la mobilisation de l'équivalent de trois mille chercheurs pendant dix ans, sans compter les techniciens et le personnel de soutien. Bref, la transformation de la recherche biologique actuelle en une mégabiologie. L'immensité de la tâche a rendu prudents les biologistes; la réflexion leur a donné raison.

Si l'on se représente, en effet, le génome humain (l'ensemble des chromosomes) comme un long collier de perles formé d'environ trois milliards et demi de grains (les nucléotides), on trouve le long de cet interminable collier cent mille gènes séparés par d'autres grains de nucléotides qui n'ont peut-être aucune signification biologique, ou qui en ont une encore inconnue, mais qu'il faut identifier un à un. Trois milliards et demi de nucléotides à reconnaître dans l'ordre; même avec l'identification automatique des séquences de base, c'est tout un rosaire à égrener, et c'est surtout d'une monotonie désespérante.

Mais ce n'est pas tellement la complexité de la tâche qui a fait hésiter les biologistes: c'est la nécessité d'organiser cette mégabiologie, de susciter des sources de financement, de planifier la distribution et la gestion des fonds, de surveiller le déroulement international de la recherche, avec ce que cela suppose de structures bureaucratiques, de paperasse, de vérification des expériences, de compilation et de comparaison de données. Faire de la mégabiologie exige une mégastructure; or, on sait trop bien ce qui est arrivé au projet américain d'exploration spatiale lorsque les mégastructures s'y sont introduites: elles ont détourné le projet initial à des fins presque entièrement militaires, seules capables de drainer autant d'argent.

Au surplus — et certains chercheurs s'en sont inquiétés —, la mégabiologie signifierait sans doute le tarissement de tous les secteurs de la biologie qui ne seraient pas engagés dans cette aventure, sauf, peut-être, certaines spécialités de la recherche biomédicale. On ne trouverait plus de fonds pour étudier la physiologie des invertébrés, le comportement des insectes, la reproduction des fougères ou — surtout — le dynamisme écologique dont la méconnaissance menace la survie des espèces vivantes, y compris la nôtre. Dans cette optique, la réticence des biologistes moléculaires est d'autant plus méritoire que leur profession cache souvent à leurs yeux la réalité charnelle de tous les jours sous un réseau étouffant de molécules.

On aime à croire que c'est à cela que certains biologistes ont songé lorsqu'ils ont exprimé, à la fin de l'été dernier, beaucoup de réticences à s'engager dans une aventure vertigineuse autant qu'irréversible. L'idée était séduisante; elle a germé; elle a failli pousser en orgueil. Pour la biologie moléculaire, il y a peut-être autre chose à faire avant de s'engouffrer dans une mégastructure.

La carte d'identification génétique

Voici une histoire vraie, symbolique de cette fin de siècle. Une agence spécialisée dans les adoptions a présenté récemment au Centre médical de l'Université d'Indiana une requête très particulière. Un couple, client de l'agence, désirait adopter un enfant, mais exigeait auparavant l'assurance que cet enfant n'était pas porteur du gène de la maladie de Huntingdon, cette affection neurologique irréversible, déterminée par un seul gène, qui se développe à l'âge adulte, entraînant des contractions musculaires de plus en plus généralisées et se terminant par la mort en quelques années. Or, les chercheurs du Centre médical d'Indiana sont les seuls à posséder une méthode de détection du gène léthal permettant de déterminer à l'avance si le futur adulte sera atteint de la maladie de Huntingdon; d'où la requête singulière du couple à l'agence. Inquiets des conséquences morales de leur geste, les chercheurs ont refusé de procéder au test et l'agence a perdu un client. On n'a sans doute pas demandé à l'enfant de donner son avis.

Cette histoire est unique, mais elle ne le demeurera pas longtemps. À mesure que progressent les méthodes de dépistage génétique, on découvre de nouvelles façons de préciser, dès l'enfance, ou même pendant la grossesse, la pathologie héréditaire d'un individu. Leurs conséquences ne se limitent pas seulement aux couples confrontés à une interruption de grossesse ou à une adoption conditionnelle; elles sont susceptibles de toucher les employeurs, les travailleurs ainsi que les systèmes privés d'assurance-vie ou d'assurance-santé.

Plusieurs maladies, qui passaient autrefois inaperçues jusqu'à leur apparition sous forme de symptômes cliniquement définis, sont en voie d'être décelées à l'avance. La maladie de Huntingdon en est une, à laquelle s'ajouteront bientôt des affections telles que la dystrophie musculaire ou d'autres beaucoup plus communes: la maladie d'Alzheimer, la maladie bipolaire, le mélanome malin, le cancer du sein et plusieurs autres qui attendent en coulisse. D'ici la fin du siècle, on sera sans doute en mesure d'établir votre carte génétique personnelle, plus éloquente que votre numéro d'assurance sociale, où figurera la liste de tous les gènes morbides dont vous êtes porteur; cette carte fera de vous un citoyen angoissé mais conscient des maladies dont il sera tôt ou tard affligé.

Devrez-vous montrer cette carte génétique en postulant un emploi? Votre compagnie d'assurance-vie l'exigera-t-elle avant de décider de votre assurabilité, comme elle le fait déjà pour quelques maladies? Les futures Commissions des droits individuels vous protégeront-elles contre ces invasions de votre vie privée, contre ces discriminations systématiques?

La pathologie génétique pourrait aller encore plus loin; elle a déjà commencé à le faire. Une bonne partie de la recherche biomédicale sur le travail s'applique aujourd'hui à identifier les risques de maladies qui sont liées à l'exercice de tel ou tel travail; les syndicats commencent à peine à s'en émouvoir. À titre d'exemple, on a des raisons de croire que les travailleurs qui présentent une déficience génétique reliée à l'alpha-antitrypsine sont prédisposés aux affections pulmonaires, ce qui pourrait les éliminer des emplois où les poussières suspectes sont présentes dans le milieu de travail. En procédant ainsi, les employeurs n'embaucheraient plus que des individus en parfaite santé (du moins au début) et les gouvernements pourraient créer une nouvelle classe d'inadaptés ou, comme on dit si joliment, de bénéficiaires: les déficients génétiques. À moins que les coûts sociaux du chômage ou que les protestations collectives ne mettent un terme à cette toxicologie préventive, sans commune mesure avec le bien-être des citoyens.

Si la société demeure passive, la confidentialité de la vie personnelle, que l'on ne croyait abolie que dans les pays totalitaires, disparaîtra de l'existence quotidienne. Big Brother viendra habiter parmi nous; Big Brother dressera notre carte génétique et fixera notre destin.

La bosse du crime

Il y a une dizaine d'années, la mode était au chromosome du crime. Des recherches préliminaires avaient laissé supposer que certains criminels du sexe masculin possédaient non pas deux mais trois chromosomes sexuels, dont un chromosome Y (masculin) supplémentaire, au lieu de la paire XY habituelle. On voyait dans ces sortes de supermâles des candidats biologiquement enclins à choisir une carrière criminelle. L'hypothèse était séduisante aux yeux de ceux qui considèrent les machos comme des êtres potentiellement dangereux. L'avantage supplémentaire de cette hypothèse, c'est qu'elle dispensait du devoir de la réforme ou de la réhabilitation: on ne devenait pas criminel, on naissait criminel; il n'y avait rien à faire pour ces cas, sauf peut-être les identifier dans le sein de leur mère et procéder à ce qu'on appellerait sans doute un retrait préventif, non pas de la femme enceinte, mais du fœtus. L'ennui, c'est que les recherches subséquentes n'ont pas réussi à confirmer l'existence du chromosome du crime; les chercheurs sont passés à d'autres exercices.

À la différence des marionnettes qui font trois petits tours et puis s'en vont, les idées fausses ont tendance à réapparaître à l'avant-scène. On vient de publier aux États-Unis un livre qui obtient déjà un grand succès publicitaire: «Le Crime et la Nature humaine». Les auteurs: James Wilson, professeur d'administration gouvernementale, et Richard Herrnstein, professeur de psychologie; ces messieurs prétendent avoir écrit un ouvrage multidisciplinaire parce qu'ils viennent de deux disciplines différentes. Ils entendent cerner la délinquance urbaine en négligeant les facteurs socio-économiques au profit des différences individuelles, qui, selon eux, reflètent davantage le terrain biologique et génétique. Ils ajoutent que les mauvaises familles produisent de mauvais enfants. Ainsi, l'interdépendance des gènes et du milieu donne naissance, dans certaines familles mais pas dans d'autres, à des personnalités «pousse-au-crime».

Dès sa parution, «Le Crime et la Nature humaine» s'est attiré des éloges du réseau américain de radio éducative; de grands périodiques tels que *Time, Newsweek, U.S. News and World Report, Vogue* et même le quotidien *New York Times* se sont mis d'accord pour affirmer que cet ouvrage allait modifier pour toujours notre façon de considérer le crime et la nature humaine. Si l'éloge du livre était excessif, son examen est consternant. Le lecteur qui ne se laissera pas submerger par la montagne de références (il y en a tout près d'un millier) pourra évaluer le genre de preuves que les auteurs accumulent afin d'établir des relations entre le crime et la nature humaine.

Voici, à titre d'exemple, une comparaison effectuée entre des jeunes délinquants étudiés en 1959 et d'autres étudiés en 1974. On leur avait demandé ce qu'ils feraient si on leur donnait cent dollars. Le groupe de 1959 avait répondu, dans une proportion de 58 %, qu'il les mettrait de côté; 48 % du groupe de 1974 avaient répondu pareillement. N'importe qui aurait conclu de cette comparaison que le désir d'épargner les cent dollars était aussi répandu en 1974 qu'en 1959, si l'on tient compte de l'érosion du dollar entre les deux dates. Wilson et Herrnstein, alertés par une différence qui leur paraît scandaleuse, s'inquiètent de l'augmentation de l'esprit de gaspillage, l'attribuent à la perte des valeurs morales et y voient une des causes de la criminalité croissante.

Tout le livre est de cette piètre qualité. Ainsi, afin de montrer que le tempérament criminel est en relation avec la forme du corps, les auteurs comparent deux groupes d'adolescents, âgés respectivement de quatorze et de dix-sept ans; ils en concluent que le groupe délinquant possède des muscles plus développés que l'autre, sans tenir compte des changements qu'apporte à la silhouette le passage de quatorze ans à dix-sept ans.

À voir la façon dont les recherches en sciences humaines sont manipulées par le premier venu, même lorsqu'il s'abouche à un deuxième venu, on comprend pourquoi ces disciplines ont acquis une réputation de frivolité en certains milieux. Elles mériteraient pourtant un meilleur sort.

La fragilité des tests psychologiques

Lorsque Lord Kelvin, au milieu du siècle dernier, a affirmé que l'on ne pouvait connaître un phénomène de la nature à moins de l'avoir parfaitement mesuré, il a formulé un critère de la connaissance scientifique qui s'est par la suite appliqué avec rigueur dans tout le champ de la physique, de la chimie et de la physicochimie; la biologie et les disciplines biochimiques ellesmêmes n'y ont pas échappé, bien que les difficultés rencontrées dans la mesure des phénomènes reliés à la vie aient souvent dressé des barrières à l'idéal de connaissance exacte proposé par Kelvin.

Au début du XXe siècle, la formule de Kelvin s'est étendue au domaine de l'esprit: on a cru qu'on le connaîtrait davantage en le quantifiant, mesure et connaissance étant considérées comme équivalentes. Les nouveaux psychologues de l'école quantitative n'ont plus juré que par les tests réductibles à des résultats chiffrés. C'est ainsi que sont apparus les tests d'intelligence exprimés par un quotient; leur simplicité apparente les a fait survivre à la réalisation, pourtant évidente, que les facultés intellectuelles constituent un réseau beaucoup trop complexe pour le réduire à un seul chiffre. On reconnaît maintenant, par exemple, que la mesure du quotient intellectuel constituait un critère aberrant pour conclure à l'infériorité des Noirs.

Vinrent ensuite les tests d'aptitude ou d'orientation professionnelle, où l'on demandait à des enfants de placer des blocs dans des orifices appropriés pour en déduire leur habileté à exercer tel métier. Au fil des années, des centaines de nouveaux tests ont vu le jour, sans compter les petites épreuves que l'on trouve dans les périodiques à l'époque des vacances et qui vous indiquent, selon le résultat numérique obtenu, si vous êtes doué pour les sports, pour la musique ou pour le bridge, si vous aimez les grandes brunes plutôt que les blondes potelées. La vie de ces pseudo-tests est aussi éphémère que l'intérêt qu'ils suscitent.

Il faut cependant accorder une attention particulière au test de personnalité le plus connu et le plus répandu. Mis au point dans les années trente par deux psychologues du Minnesota, il est utilisé sous le nom de M.M.P.I. (inventaire de personnalité multiphasé du Minnesota). Ce test quantitatif, constitué de cinq cent cinquante questions auxquelles il faut répondre par «oui», par «non» ou par «je ne sais pas», a été conçu pour définir les déviations de la personnalité en fonction de dix composantes: l'hypochondrie («je crois que je vais avoir le cancer»), la dépression («la vie ne vaut pas la peine d'être vécue»), l'hystérie, la paranoïa («mon patron me persécute»), les tendances obsessives-compulsives («je lave la vaisselle trois fois de suite»), la schizophrénie ou l'hypomanie. Le test M.M.P.I., traduit en cent vingt-six langues, a été — et est encore — utilisé dans quarante-six pays et a fait l'objet de huit mille livres et publications scientifiques. On s'en est servi pour sélectionner les cosmonautes, les ouvriers spécialisés des centrales nucléaires («avez-vous tendance à vous révolter contre les autorités?»), les futurs policiers («êtes-vous fasciné par le maniement des armes à feu?») et les candidats à mille autres postes divers. Si vous n'avez pas été soumis au M.M.P.I., vous connaissez probablement quelqu'un qui l'a subi.

Sans entrer dans une analyse qui deviendrait fastidieuse, on peut dire simplement que la mesure de votre normalité ou de votre anormalité, c'est la comparaison de votre résultat avec celui d'un groupe témoin considéré comme normal. Et quel est ce groupe témoin, cet échantillon modèle de population? C'est un ensemble de citoyens et de citoyennes américains, blancs, âgés en moyenne de trente-cinq ans et ayant six années d'instruction, qui a été choisi dans le fin fond du Minnesota rural, au creux de la crise économique des années trente. Voilà le groupe normal, parfait, équilibré; si vous ne lui ressemblez pas, si, par exemple, vous avez des goûts artistiques qui vous portent à fréquenter les expositions de peinture ou les spectacles de ballet, si vous n'avez pas la même placidité que le citoyen rural du Minnesota des années trente, il serait temps d'aller vous faire examiner, de préférence ailleurs qu'au Minnesota.

Évidemment, le résumé précédent ressemble davantage à une charge qu'à un travail de dentellière. Il ne fait aucun doute que le test M.M.P.I. aide à déceler les anomalies graves de la personnalité, anomalies dont un bon clinicien s'apercevrait d'ailleurs assez rapidement à l'examen attentif. On peut s'étonner néanmoins qu'on ait mis si longtemps à reconnaître les faiblesses du test; on l'a appliqué sans discernement à des groupes ethniques (absents du groupe témoin), à des femmes et à des adolescents, à des populations urbaines dont les attitudes et le niveau de culture ne correspondent plus, cinquante ans après, à l'échantillon minnesotien des années trente.

Ce qui est encore plus étonnant, c'est que les travaux effectués depuis une dizaine d'années afin de rendre le test original plus conforme aux normes contemporaines se heurtent encore à des résistances très vives de la part des milieux conservateurs. Pourquoi? Parce que, disent-ils, le M.M.P.I. a été tellement utile sous sa forme première que l'on craint, en le modifiant, de se priver de toutes les données originales, même si la plupart d'entre elles sont périmées. Il y a de quoi devenir déprimé, ou hypochondriaque.

L'hérédité de l'intelligence

« Mentez, mentez: il en restera toujours quelque chose.» La formule célèbre de Voltaire visait moins à conseiller la dissimulation qu'à souligner la persistance de ses effets, surtout lorsque les préjugés y trouvent leur compte. L'histoire de nos opinions en ce qui touche l'hérédité de l'intelligence est fort instructive à cet égard.

Rappelons que l'étude des influences génétiques sur la transmission de l'intelligence est intimement liée aux travaux du psychologue britannique Sir Cyril Burt, travaux qui lui avaient fait conclure, au cours des années cinquante, que l'intelligence humaine constituait un caractère héréditaire. Cette conclusion, rapidement acceptée par les milieux scientifiques et pédagogiques, satisfaisait l'opinion courante à l'effet que les enfants nés de parents intelligents avaient plus de chances de briller que ceux dont les parents étaient d'intelligence médiocre. Une telle croyance, calquée sur celle qui attribue aux enfants nés de parents riches plus de chances de faire fortune que ceux qui naissent de parents pauvres, contribuait à confirmer l'image d'une société dont les inégalités sont d'autant moins contestables qu'elles font partie du patrimoine génétique. En fait, les théories de Burt s'inscrivaient naturellement dans un mode de pensée élitiste cher aux partisans d'un clivage social entre individus supérieurs et individus inférieurs, ces derniers étant condamnés à la résignation et à l'acceptation de leur sort.

Sir Cyril Burt vécut jusqu'à l'âge de quatre-vingt-huit ans, auréolé de la gloire accessible à ceux qui construisent de leur vivant leur propre statue. Malheureusement, peu après sa mort, des esprits curieux commencèrent à examiner d'un peu plus près ses données statistiques et ses publications. Au grand scandale de la communauté scientifique, on découvrit que plusieurs de ses résultats reposaient sur des données erronées ou délibérément faussées, que certains travaux qui ne cadraient pas avec ses hypothèses avaient été ignorés et qu'il avait même poussé le cynisme, dans plusieurs de ses publications, jusqu'à inventer le nom de collaborateurs inexistants. Ces révélations entraînèrent, vers la fin des années soixante-dix, le discrédit total de Burt et de ses théories sur le caractère héréditaire de l'intelligence.

Hélas, les dents de la fausseté ont la vie dure. La croyance à l'hérédité de l'intelligence, si elle est disparue à peu près complètement des milieux universitaires, subsiste encore dans les milieux de l'enseignement, en dépit des réfutations multipliées. C'est ce qui ressort d'une étude de la biologiste Diane Paul, de l'Université du Massachusetts à Boston, à partir des vingt-huit manuels d'introduction à la génétique humaine publiés en Amérique entre 1978 et 1984 à l'intention des étudiants du niveau collégial. Des vingt-huit ouvrages, dix-neuf contiennent une discussion du caractère héréditaire de l'intelligence. La plupart de ces textes concluent que l'intelligence est hautement héritable, sur la foi de travaux généralement discrédités ou même des recherches frauduleuses de Cyril Burt, en particulier de celles qui concernent des jumeaux identiques élevés dans des foyers différents. Chose curieuse, le nom de Burt n'est pas toujours mentionné mais ses résultats sont incorporés dans un tableau récapitulatif de cinquante-deux études portant sur le quotient intellectuel; ces études sont maintenant discréditées.

Mais les manuels scolaires continuent à répéter que l'intelligence est héréditaire. Pourquoi cette obstination dans l'erreur? Tout simplement parce que la plupart des auteurs de manuels ne vérifient pas leurs références et se contentent de se copier les uns les autres, mot à mot dans certains cas.

On se plaint parfois de la paresse intellectuelle des élèves; il faudrait également parler de celle de quelques professeurs et auteurs de manuels. «Mentez, mentez, il en restera toujours quelque chose»: il faut se garder de transformer une maxime cynique en un principe pédagogique.

La nouvelle révolution verte

La première révolution verte, amorcée dans les années soixante par Borlaug, qui reçut le prix Nobel en récompense, s'est finalement révélée un échec quasi total.

Elle se fondait sur l'introduction de nouvelles variétés céréalières, plus résistantes aux variations climatiques ainsi qu'aux ennemis naturels des plantes; en pratique, on constata que les rendements espérés reposaient sur l'utilisation abondante d'engrais chimiques et sur la mécanisation de l'agriculture traditionnelle, deux exigences qui ne rendaient la révolution verte accessible qu'aux grands propriétaires terriens. Les petits exploitants, dans les pays du Tiers-Monde, n'eurent jamais la possibilité d'en profiter; loin de combler le fossé entre les riches et les pauvres, la révolution verte n'a fait que l'élargir. La nouvelle révolution verte, que l'on commence à proclamer, entraînera-t-elle des conséquences désastreuses du même ordre? Il est à craindre que oui, même si elle vient tout juste de poindre à l'horizon agricole.

La nouvelle révolution verte a pris naissance, au cours des années soixante-dix, grâce à la possibilité d'obtenir de nouvelles variétés de plantes comestibles, non pas par les méthodes traditionnelles de croisement mais par les techniques du génie génétique, c'est-à-dire, en gros, par la modification des gènes. Les produits obtenus étant véritablement de nouveaux individus végétaux, les industriels du gène ont imaginé de les considérer comme des inventions et d'obtenir des brevets pour leur fabrication et, surtout, pour leur commercialisation. Un brevet pour une plante nouvelle, cela signifierait que personne ne pourrait s'en procurer ou en faire la culture sans payer de redevances à son inventeur, un inventeur qui, compte tenu des investissements requis, serait vraisemblablement un groupe financier puissant. Imaginons au surplus que cette plante possède un potentiel alimentaire considérable, comme ce le serait dans le cas des céréales: on voit d'ici les luttes que se livreraient les multinationales afin d'obtenir des brevets.

Nous ne sommes pas ici dans le domaine de la science-fiction. Déjà, aux États-Unis, où de tels brevets sont en principe autorisés par la loi, une société de génie génétique a mis au point une nouvelle variété de pois résistante à la gelée. Un tribunal californien, alerté par l'écologiste Rifkin, a interdit la propagation de la nouvelle variété; mais le tribunal d'appel a donné gain de cause à l'industrie génétique. En Europe, les droits de propriété intellectuelle à l'égard des variétés végétales et animales obtenues par croisement sont reconnus depuis longtemps; ils ont été précisés dans une convention internationale des brevets qui lie dix-sept pays européens. Cette convention exclut formellement les variétés qui sont obtenues par des procédés biologiques mais elle admet les procédés microbiologiques.

C'est ici que l'affaire se corse. Le génie génétique est-il une technique biologique ou une technique microbiologique? L'O.C.D.E., l'Organisation de coopération et de développement économique, va être appelée à trancher cette question de plusieurs milliards de dollars. En effet, deux géants de l'industrie chimique, Bayer et Monsanto, ont demandé concurremment des brevets pour des techniques de génie génétique essentiellement similaires, affirmant tous les deux qu'il s'agit de techniques microbiologiques; le rejet de leur demande, ajoutent-ils, serait de nature à décourager les futurs investisseurs dans des projets de même nature. Ce que Bayer et Monsanto ne disent pas, c'est que, si les brevets leur sont accordés, ils vont pouvoir monopoliser un marché énorme. Mais ils n'ont pas besoin de dire ces choses-là.

Amorcée dans de telles conditions, la nouvelle révolution verte risque de creuser encore davantage le fossé qui sépare les riches des pauvres.

Les greffes chez le fœtus

La chirurgie, on le sait bien, est aussi un spectacle: ce n'est pas par hasard que les démonstrations publiques de dissection avaient lieu dans des amphithéâtres et que l'on parlait du théâtre opératoire pour désigner la partie découverte du corps où s'enfonçaient les mains habiles du chirurgien.

Acteur et metteur en scène de ce théâtre écarlate où palpite la vie aux frontières de la mort, le chirurgien est le virtuose des guérisseurs; son prestige, depuis l'avènement des pontages, des greffes rénales, hépatiques ou pulmonaires, des transplantations cardiaques, est devenu si considérable qu'on se hâte, à l'occasion des conférences de presse, de faire voir au public les mains du miracle, la fierté sereine des triomphes et même, quelquefois, les larmes furtives de l'échec. Comme au théâtre, on annonce des premières: première au monde, première en Amérique ou au Canada, première à Montréal ou à Toronto.

Histoire d'entrer dans le jeu, voici une avant-première mondiale: une greffe chez le fœtus, une transplantation de fœtus à fœtus. Que la presse se rassure: cela ne se fait pas encore chez l'être humain; les greffes ont été effectuées sur des brebis. Pour les humains, il faudra patienter un peu.

Afin de mieux apprécier le spectacle futur, voici quelques éléments du décor. La chirurgie nouvelle qui attend en coulisse est une chirurgie prénatale, fondée sur la greffe préventive. Elle est destinée à intervenir chez le fœtus vers le quatrième mois de la grossesse, dans les cas où le diagnostic précoce décèlerait une maladie congénitale du sang telle que l'anémie falciforme, la thalassémie, la granulocytose chronique ou d'autres affections, heureusement très rares mais presque toutes fatales, du système sanguin. Dans la majorité de ces cas, la transplantation (ou greffe) de moelle osseuse, laquelle fournit tous les éléments normaux du sang, pourrait constituer une solution efficace. Malheureusement, il serait très difficile de trouver des donneurs compatibles, pour ces enfants atteints de maladies sanguines héréditaires; de plus, les interventions seraient fréquemment suivies d'infections et de phénomènes de rejet, entraînant un taux de mortalité très élevé.

On voit bien que le problème ne consiste pas à pratiquer des transfusions sanguines, même totales; il faut fournir toutes les sortes de cellules sanguines, y compris les cellules souches, à partir desquelles se forme le sang complet. Ces cellules souches, on les trouve dans la moelle osseuse chez l'enfant, mais avec l'inconvénient du rejet. Chez le fœtus, ces cellules souches existent également dans le foie du donneur éventuel; elles ne provoqueraient pour ainsi dire pas de phénomènes immunitaires chez le receveur, à la condition que ce dernier soit également un jeune fœtus, au premier tiers de la grossesse.

La transplantation de cellules souches pourrait donc se faire à partir du foie fœtal d'un donneur, sacrifié pour l'occasion, et dont on aurait séparé les cellules souches par broyage et centrifugation. Ces cellules souches seraient introduites, au moyen d'une seringue, à l'intérieur du péritoine d'un receveur fœtal, qui aurait été préalablement exposé par incision chirurgicale de l'utérus maternel et des membranes du sac amniotique. Les cellules souches du donneur se mêleraient, dans le foie, à celles du receveur, qui disposerait ainsi d'un système supplémentaire de génération du sang. Ce serait, jusqu'à nouvel avis, la fine pointe de la chirurgie génétique préventive. L'individu futur, possédant des cellules sanguines issues de deux paires de géniteurs, serait biologiquement une chimère.

Les premières tentatives de cette chirurgie chimérique viennent d'avoir lieu chez des fœtus de brebis greffés avec des foies d'agneau fœtal. La survie est rare mais les survivants semblent bien se comporter. Lorsque les répétitions seront terminées, on annoncera le spectacle, un spectacle pour adultes consentants, mettant en scène des fœtus muets, dont un seul survivra. Comme au théâtre.

Arrière-scène

L'image des scientifiques

Au cinéma de mon enfance, le savant était un personnage inspiré, bizarre (c'est-à-dire un peu fou), constamment distrait, occupé à des recherches incompréhensibles dont les résultats, selon ses humeurs, pouvaient nous sauver ou nous perdre.

En dépit de toutes les tentatives qui ont été faites au XXe siècle pour imposer une image plus rassurante du chercheur, le mythe de l'étrange barbu persiste encore. Il y a quelque temps, l'hebdomadaire américain *Time* publiait un reportage sur des laboratoires scientifiques de renommée internationale. Afin de montrer que les chercheurs travaillaient sans contrainte, on citait l'un d'eux qui jonglait avec des boules noires dans les couloirs et, certains jours, avec des boules blanches; dans un laboratoire, une dame engagée pour la circonstance exécutait une danse du ventre afin de stimuler un physicien qu'une mélancolie passagère empêchait de se livrer à ses travaux.

La communauté scientifique déplore avec raison ce genre de publicité déformante et souvent éloignée de la vérité. En réalité, le scientifique moyen ressemblerait plutôt à un fonctionnaire assidu qui consume une grande partie de son temps à assister à des réunions, à lire les travaux de ses confrères, à préparer des demandes de subvention et à justifier l'utilisation des fonds qu'il a reçus. Mais l'image du savant fou *(the mad scientist)* a la vie dure, comme en font foi les sondages d'opinion publiés de temps à autre, et qui n'épargnent aucune discipline, sauf peut-être celle de la recherche biomédicale, pour laquelle le mythe de la guérison miraculeuse l'emporte sur celui de la bizarrerie.

On ne s'étonnera pas que les mathématiciens soient les victimes les plus fréquentes de l'incompréhension du public; le public, précisément, ne comprend pas ce qu'ils font. De tous les langages scientifiques, le langage mathématique semble le plus difficile à traduire dans les mots de tous les jours. Montrez à un profane la plus courte, la plus simple des équations d'Einstein et essayez de lui faire comprendre pourquoi ces symboles ont fait germer l'hypothèse de la première bombe nucléaire: il est hautement improbable que vous puissiez y arriver. Le profane préférera vous croire sur parole.

Convaincus que les mathématiques constituent un langage universel, commun à toutes les disciplines scientifiques, un groupe de mathématiciens américains a récemment tenu à Washington un symposium intitulé: «Les mathématiques, fil unificateur». On y avait invité des journalistes et même des preneurs de décision afin de leur prêcher la bonne nouvelle mathématique. On peut juger du succès de l'opération par le nombre de personnes qui se sont présentées. Des quarante journalistes scientifiques de la région de Washington qui avaient été conviés, cinq seulement sont venus, dont quatre appartenaient déjà à des sociétés scientifiques; pourtant, les trois conférenciers au programme étaient détenteurs de prix Nobel. Comme on dit dans le monde du spectacle, le Nobel, ça tire moins fort que Madonna.

Steven Weinberg, l'un des conférenciers, essaya de détendre l'atmosphère en citant le mathématicien anglais Hardy, auteur d'un ouvrage intitulé: «L'Apologie d'un mathématicien»; Hardy y affirme que ses propres travaux ne présentent d'intérêt pratique pour absolument personne. On n'avait pas besoin d'autre exemple pour faire voir l'abîme qui sépare les mathématiques du grand public; on crut néanmoins nécessaire de remettre aux participants un document destiné à expliquer, dans un langage familier (aux yeux des mathématiciens), les progrès récents les plus excitants dans le champ des mathématiques. En voici un extrait, traduit librement: «La géométrie algébrique a constitué l'un des domaines les plus vivants de la recherche algébrique depuis les récentes décennies; elle étudie des objets géométriques qui sont le lieu de points satisfaisant des équations polynomiales à deux ou plusieurs variables, comme les cônes familiers de la géométrie classique.»

Il paraît que l'un des invités a demandé à quelle heure avait lieu la pause café.

Le durcissement des sciences molles

Lorsque j'ai entrepris mes études universitaires en 1940, les sciences étaient divisées en quatre compartiments bien commodes: les mathématiques, que tous respectaient à distance; la physique, impressionnante par son aspect rigoureux; la chimie, dont on nous disait qu'elle était une branche de la physique; en dernier lieu, un groupe assez mal défini, que l'on appelait avec une touche de dérision les «petites sciences» ou sciences naturelles: géologie, minéralogie, botanique, zoologie et biologie, biologie humaine en particulier.

On les appelait les petites sciences ou les sciences molles parce qu'elles étaient des disciplines essentiellement descriptives, des essais de classification et d'identification; les sciences dures, les sciences expérimentales, nous paraissaient les seules sérieuses. Nous savions qu'il y avait, quelque part à l'Université, des lieux où l'on enseignait, sous forme de cours du soir, des sciences dites sociales, conduisant surtout au journalisme ou à l'enseignement. Mais personne ne prenait les sciences sociales au sérieux. Le chanoine Lionel Groulx m'a raconté qu'au début des années vingt, au moment où se fondait l'École des Hautes Études commerciales, les autorités ecclésiastiques de Montréal lui avaient interdit l'accès des collèges classiques, où il voulait parler des sciences économiques, qu'on se proposait d'enseigner aux H.É.C. Les censeurs, paraît-il, étaient motivés moins par le mépris des sciences économiques que par la crainte de voir se raréfier les vocations religieuses, dont les collèges classiques formaient le terreau d'élection.

C'est au cours des années quarante que la distinction entre sciences dures et sciences molles commença à s'estomper, par un double phénomène de fragmentation et d'empiètement. Ainsi, la chimie organique, qui s'était déjà détachée de la chimie minérale, donna naissance à son tour à la chimie biologique, bientôt modernisée en biochimie. Dans le même temps, la biologie devint cellulaire, puis, s'annexant la biochimie, engendra la biologie moléculaire que nous connaissons aujourd'hui. On pourrait également citer le cas de la psychologie, qui, transfuge de la philosophie traditionnelle et ayant pris le manteau de la psychologie expérimentale, envahit une chambre de la médecine et y installa la psychosomatique. Dans ce jeu de chaises musicales, les sciences sociales, malgré qu'elles soient devenues les sciences humaines depuis quelques années, demeurent toujours des sciences molles par rapport aux sciences dures.

Pourquoi cet ostracisme? Parce que les sciences dures, estime-t-on, se prêtent à des expériences de laboratoire contrôlables, répétables dans des conditions identiques, d'où l'on peut tirer des conclusions comportant un degré élevé de certitude. Les sciences molles, par contraste, ne peuvent guère aller au-delà de la simple description; les facteurs en jeu sont trop nombreux pour qu'on puisse normaliser les expériences. À Montréal comme à Melbourne, un objet qu'on laisse tomber est attiré pareillement vers le bas, alors que la réduction des heures de travail dans une aciérie n'entraînera peut-être pas les mêmes effets que dans une boulangerie. En d'autres mots, c'est le niveau de certitude associé aux différentes disciplines scientifiques qui les place dans la catégorie des dures ou dans celle des molles.

On assiste de nos jours à une lutte de prestige des sciences molles par rapport aux sciences dures. Elles ont commencé par compliquer leur vocabulaire; elles utilisent de plus en plus les statistiques pour analyser leurs résultats; elles réclament des subventions plus importantes, faisant valoir qu'elles sont plus utiles qu'on ne le croit pour comprendre la société actuelle et son évolution.

Si seulement les sciences molles pouvaient se trouver un objet d'étude aussi accrocheur que le sida, leur fortune serait assurée. Au fait, en ces temps où la crainte de sa contagion se durcit en panique, le sida offre un champ d'exploration exceptionnel: il touche à la sociologie, à la technologie des communications, à la politique d'immigration, à la circulation de la monnaie contaminée, à la morale sexuelle et même à la censure. Côté sciences dures, il embrasse la perméabilité des gants en caoutchouc et des membranes synthétiques. Peut-on en demander davantage aux sciences molles?

La recherche: de l'artisanat à la bureaucratie

Vers la fin de sa vie, le savant biologiste Jean Rostand déclarait à ceux qui voulaient, à son exemple, se lancer dans la recherche artisanale et solitaire: «Ne faites pas comme moi; je suis un anachronisme!» Il avait raison: la recherche expérimentale telle que la pratiquait Rostand dans un laboratoire de fortune, sans subventions extérieures ni instrumentation adéquate, était dépassée au début des années soixante. Bien plus, ce type de recherche était déjà en voie d'extinction à l'époque de la révolution industrielle du XIXe siècle.

Depuis la Renaissance, les rares savants qui avaient commencé à faire de la recherche disposaient d'une fortune personnelle (ce fut d'ailleurs le cas de Rostand) ou recevaient l'appui financier de mécènes, ou encore, tel Galilée, se faisaient payer par leurs étudiants. La sécurité d'emploi était absente du paysage scientifique. La diffusion des résultats ne se faisait que par des visites ou par des échanges de correspondance. Dans cette atmosphère raréfiée, seuls les grands noms émergeaient: Pascal, Newton, Lavoisier, Priestley, Faraday, Pasteur...

Tout au long du XIXe siècle, on voit naître et se développer une organisation scientifique axée sur les universités et sur les instituts, alimentée par la publication des travaux scientifiques dans des revues spécialisées, vivifiée par l'apparition de sociétés savantes qui offrent aux chercheurs l'avantage de contacts personnels et qui favorisent la libre circulation des idées.

La deuxième révolution industrielle suscite la création de laboratoires de recherche, en Europe et en Amérique; ces laboratoires acquièrent rapidement une stature internationale et favorisent la mise sur pied des premières véritables équipes de chercheurs scientifiques. Leur organisation, inspirée du modèle industriel, demeurera fondamentalement la même jusqu'à la fin de la Deuxième Guerre mondiale, sous la domination des universités et des grandes industries, dont l'État bientôt voudra prendre la relève par le biais des subventions gouvernementales à la recherche.

Depuis la seconde moitié du XXe siècle, l'organisation de la recherche scientifique, après s'être calquée sur celle de la grande entreprise, s'est orientée graduellement vers le modèle bureaucratique en vigueur aujourd'hui; même au sein des universités, qui, il n'y a pas tellement longtemps, se vantaient d'être les derniers bastions de la recherche fondamentale et libre de toute contrainte, le modèle bureaucratique s'est imposé.

Cette transformation s'est traduite par l'apparition d'une hiérarchisation rigide. Les universités ont dû s'y soumettre pour assurer la sécurité d'emploi; les disciplines scientifiques se sont atomisées, en dépit des tentatives de former des équipes multidisciplinaires. Parallèlement, la distribution des subventions de recherche, relevant directement ou indirectement de l'État ou de ses organismes parapublics, s'effectue par une série de directives destinées à garantir l'excellence des travaux et la bonne gestion des fonds disponibles: uniformisation des demandes de subventions, toujours accompagnées du curriculum vitæ du requérant (y compris ses publications antérieures), jugement de la valeur et de la pertinence de la demande par un ou plusieurs comités de pairs, évaluation des résultats avant toute subvention supplémentaire, ce qui n'exclut pas les luttes d'influence entre équipes rivales.

La gestion de la recherche scientifique par ce système bureaucratique est peut-être plus efficace en apparence que le laisser-aller qui semblait prévaloir autrefois. Mais elle a tendance à favoriser une certaine conformité de la recherche scientifique aux modèles acceptés, au détriment de l'originalité créatrice: celle-ci, dans ses meilleurs élans, ne saurait être qu'individuelle. Dans l'état actuel de l'organisation scientifique, on a tout lieu de croire qu'un projet de recherche présenté de nos jours par un individu de la taille de Newton, de Pasteur ou d'Einstein n'aurait guère de chances d'être accepté par la bureaucratie scientifique.

La bureaucratisation conduit à l'uniformité, c'est bien connu; et l'ennui, comme disait l'autre, naquit un jour de l'uniformité.

Un contrat social scientifique

Les philosophes du siècle des Lumières — Jean-Jacques Rousseau en tête — ont inspiré la plupart des démocraties populaires qui ont pris naissance au XVIIIe et au XIXe siècle. Leurs constitutions sont fondées sur la notion plus ou moins explicite de contrat social. Pour Rousseau, père spirituel de ce concept, le contrat social qui sert de lien entre une société et les individus qui la composent est destiné à neutraliser les égoïsmes individuels par les avantages d'une vie collective harmonieuse. N'attente pas à la vie de ton voisin et ta propre vie sera protégée par des lois; respecte la propriété d'autrui et l'État verra à protéger la tienne; si tu désires que les vols soient punis, accepte que les tiens le soient également; bref, ne fais pas aux autres ce que tu ne veux pas que l'on te fasse. Ce sont ces ententes tacites, enveloppées de concepts plus ou moins vagues comme ceux d'égalité, de liberté et de fraternité, que l'on trouve au préambule de nos constitutions. La constitution américaine y fait exception et le phénomène vaut qu'on s'y arrête, car elle présente le premier document fondant le contrat social sur la poursuite du savoir. En effet, selon le texte constitutionnel rédigé en majeure partie par Thomas Jefferson, la société américaine se fixait comme premier objectif l'excellence et la diffusion du savoir scientifique, sources de bonheur et de prospérité. Non seulement l'avancement des sciences était-il considéré comme l'exercice ultime de la souveraineté nationale, mais, dès la fin du XIXe siècle, on avait fait des universités américaines le siège éminent de cette souveraineté.

C'est dans cet esprit que naquit en 1876 l'Université Johns Hopkins, la première université américaine. Son fondateur, le physicien Henry Rowland, assignait aux universités le rôle de chefs de file dans l'étude scientifique de la nature sous toutes ses facettes, y compris les mathématiques, les humanités antiques et modernes ainsi que l'expression artistique. Il ajoutait un avertissement qui serait encore utile aujourd'hui: «Si nous cessions de nous intéresser aux sciences pures pour nous en tenir aux seules applications, la source des sciences se tarirait bientôt, comme il advint à la civilisation chinoise.»

Jusqu'à la fin de la Deuxième Guerre mondiale, les grandes universités américaines ont respecté plus ou moins fidèlement les idéaux tracés par Rowland et préfigurés dans la constitution du pays. Richement dotées par les nouveaux princes de l'industrie, du commerce ou de la finance, elles ont été à l'avant-garde des recherches fondamentales, à l'abri des pressions extérieures grâce à la permanence offerte aux chercheurs les plus qualifiés. On peut dire que cette époque représenta l'âge d'or des universités américaines. C'est alors que virent le jour, au Massachusetts Institute of Technology et à Harvard, le radar et le contre-radar; la dessiccation à froid du plasma réalisée à Harvard contribua à éliminer la mortalité due aux infections et surtout à l'influenza; le projet Manhattan, qui aboutit à la bombe nucléaire, couronna une entreprise multi-universitaire. Ce choix d'exemples ne vise pas à formuler un jugement moral mais à illustrer l'impact d'une entreprise universitaire.

Que s'est-il donc passé depuis pour que les universités américaines ne soient devenues que de simples agences fonctionnant à même les contrats de recherche octroyés par le gouvernement américain, à des fins souvent militaires? Il semble que l'ampleur des problèmes de gestion qu'elles avaient à résoudre les a conduites à laisser filer le statut privilégié que leur accordait la constitution et à confier à l'État la responsabilité de leur orientation.

Au Canada, où nos universités n'ont jamais joui d'une pareille garantie et où notre gouvernement a imité la mainmise bureaucratique américaine, la liberté académique, ancien fleuron de la recherche, n'est plus qu'une clause de style dans les conventions collectives. La recherche libre relèvera bientôt de l'archéologie.

L'excellence scientifique

Le nombre et le niveau technique des publications consacrées à la recherche scientifique sont plus élevés qu'ils ne l'ont jamais été dans toute l'histoire des sciences. Cette prolifération pose la question de juger l'excellence scientifique, aussi bien celle du travail que celle du chercheur.

Il s'agit là d'un problème important et complexe. Important parce que le jugement formulé est susceptible d'entraîner des conséquences déterminantes sur la carrière du chercheur, sur les postes académiques qui lui seront offerts, sur les subventions dont il pourra bénéficier et sur les honneurs qui lui seront conférés, y compris à la limite extrême le prix Nobel, consécration internationale de l'excellence scientifique selon les critères contemporains. Le problème d'évaluer l'excellence scientifique est également très complexe, ou plutôt il l'est devenu au fil des ans. Au XIXe siècle, le jeune chercheur était jugé par son maître; si le témoignage était favorable, la nouvelle se répandait rapidement dans les cercles alors restreints du monde scientifique et la réputation du jeune disciple était assurée. Cette coutume n'excluait pas un certain romantisme qui nous ferait sourire aujourd'hui. Ainsi, lorsque le jeune Pasteur présenta à son maître Biot les premiers cristaux d'acide tartrique droit et d'acide tartrique gauche qu'il avait séparés, ce dernier s'écria: «Mon cher enfant, j'ai tellement aimé les sciences dans ma vie, que cela me fait battre le cœur!» La carrière de Pasteur était lancée.

Encore aujourd'hui, l'appréciation des maîtres, surtout s'ils jouissent d'un grand prestige, joue un rôle important dans l'évolution future d'une carrière de chercheur. Mais à mesure qu'augmentent le nombre de scientifiques et leur mobilité, les éloges individuels risquent d'être dilués au sein de la communauté. On a donc cherché à leur substituer des critères d'excellence plus objectifs, surtout dans le cas des demandes de subvention. On songea tout d'abord à tenir compte du nombre de publications scientifiques du postulant, mais il devint bientôt évident que certains chercheurs publiaient dans des revues différentes des travaux portant essentiellement sur le même sujet et que la qualité des travaux diminuait à la proportion inverse de leur nombre. Afin de raffiner le processus d'évaluation, on exigea des chercheurs visant à être reconnus que leurs travaux fussent publiés dans des revues scientifiques de premier plan, assorties d'un comité de lecture.

Ce critère récemment adopté possède le mérite d'assurer à la recherche une qualité suffisante pour entraîner l'approbation des comités de lecture rattachés aux revues scientifiques, comités qui représentent en quelque sorte les pairs dans la discipline concernée. Certaines revues prestigieuses se vantent de n'accepter que le cinquième des manuscrits qui leur sont soumis: leur sélection rigoureuse assure un minimum de qualité mais elle ne garantit pas automatiquement l'excellence. Chacun sait que les critères les plus stricts cèdent parfois aux amitiés, aux indulgences, aux intérêts. Au surplus, les comités de lecture ont tendance à privilégier une certaine orthodoxie de pensée: poussée à l'extrême, celle-ci les conduirait à rejeter un manuscrit peut-être exceptionnel dont le tort serait de mettre en doute une théorie généralement acceptée par la communauté scientifique. On cite volontiers le cas du physiologiste argentin Alberto Houssay (1887-1971), qui effectua des travaux remarquables sur les relations entre l'hypophyse et le pancréas, travaux que les revues scientifiques américaines refusèrent de publier pendant vingt ans, et qui lui valurent quand même le prix Nobel de physiologie et de médecine. Comme quoi une excellence manifeste peut échapper aux critères courants.

Depuis quelques années, on essaie d'évaluer l'excellence scientifique selon un critère que l'on nomme en anglais le *citation index.* Ce critère postule qu'il existe une relation directe entre l'excellence d'un travail scientifique et le nombre de fois qu'il est cité dans des publications ultérieures. En règle générale, ce critère est efficace dans la mesure où ce sont les travaux qui possèdent le plus d'impact que l'on cite le plus souvent. Encore faut-il que la discipline en cause soit dans le vent et qu'il ne s'agisse pas d'un champ de recherches trop étroit. Au surplus, les mailles du filet sont hasardeuses: on peut imaginer qu'un auteur se cite lui-même abondamment dans ses propres publications afin d'améliorer son index; on peut également imaginer qu'un travail scientifique d'une honnête médiocrité soit tellement controversé que plusieurs auteurs en viennent à le citer fréquemment dans l'intention de le critiquer. On voit par là la difficulté d'établir des critères objectifs d'excellence scientifique. Des difficultés du même ordre surgiraient d'ailleurs dans les domaines de la peinture, de la musique, de la littérature ou des autres arts.

Dans le champ de la création, en science comme ailleurs, c'est le temps qui prononce le jugement définitif. Les contemporains peuvent se tromper, mais, à la longue, un grand savant méconnu, cela n'existe pas.

Le chercheur, le logiciel et le réel

La notion d'emmurement est revenue à la mode dans les lieux où devrait souffler l'esprit, dans les amphithéâtres de certaines de nos universités. Ce sont des antres, des cavernes murées où ni l'air ni le soleil ne pénètrent, où le regard se limite à six parois obscures, et dont l'éclairage parcimonieux métamorphose les participants en personnages d'arrière-plan dans une eau-forte de Rembrandt. En caricaturant un brin, ces amphithéâtres évoquent ce qu'on nomme «le trou» dans nos pénitenciers.

C'est pourtant dans l'un de ces puits d'obscurité que se trouvaient rassemblés, il y a quelque temps, les participants à un colloque scientifique international portant sur l'analyse des données dans le domaine de la santé et de la sécurité du travail, domaine de haute priorité qui se serait accommodé de plus d'air frais. Pour en mesurer l'importance, il suffit de penser à l'augmentation constante des accidents corporels, parfois mortels, et des maladies professionnelles (physiologiques et psychologiques) en milieu de travail. Les causes en sont multiples: une certaine prédisposition naturelle (que l'on appelait autrefois le terrain), la négligence ou le manque de vigilance, et surtout de nombreux agresseurs de nature physique, chimique, biologique, psychique, ou même structurelle, comme, par exemple, l'organisation du travail et ses cadences parfois inhumaines imposées au nom de la productivité. Au Québec, depuis 1982, les coûts sociaux directs liés à ces problèmes ont engendré un déficit accumulé de plus de deux milliards de dollars. Là comme en d'autres domaines, et pas seulement au Québec, la récréation est terminée: la population n'aura plus les moyens de régler la facture, à moins de renoncer à d'autres services sociaux importants.

Dès 1980, avant que la cloche ne sonne la fin de la récréation, le législateur québécois avait créé un Institut de recherches en santé et en sécurité du travail (également connu sous le sigle I.R.S.S.T.), dont le mandat consistait précisément à étudier les moyens de prévenir et d'éliminer à la source les risques que présentent, pour ceux et celles qui travaillent, les conditions créées par la civilisation contemporaine. Le fardeau de la recherche a été naturellement remis entre les mains des scientifiques, qui, dans notre société, sont les mieux équipés ou structurés pour s'attaquer à ces questions devenues d'une complexité inouïe. Plus rien n'est simple en recherche: les beaux temps des travaux pastoriens, jusqu'à la découverte des antibiotiques au début des années quarante, se sont évanouis à jamais. Qu'elle était rassurante l'époque où l'examen attentif de la maladie dépistait la bactérie causale et où les mesures d'hygiène préventive jointes aux médicaments de synthèse assuraient le remède!

Voici venu le temps des accidents, imprévisibles de nature, le temps des expositions mineures et prolongées à des substances ou à des constellations de substances dont les effets cliniquement décelables n'apparaissent qu'après plusieurs années, sans que l'on puisse identifier une cause unique cédant à une thérapeutique simple.

Afin de démêler l'écheveau des causes réelles ou supposées, la recherche contemporaine s'est donc tournée vers des méthodes statistiques de traitement des données obtenues par les enquêtes auprès des victimes, afin d'essayer de dégager des tendances révélatrices. Évidemment, ces méthodes très complexes doivent faire appel à l'ordinateur, non seulement pour recueillir les données et les classer en catégories, mais aussi pour comparer entre eux les multiples facteurs soupçonnés, dans l'espoir d'y voir apparaître des liens. On voit donc surgir des logiciels interposés entre les chercheurs et la réalité, des outils électroniques tellement sophistiqués que plusieurs de ceux qui les utilisent, fascinés par leur fonctionnement et par les tableaux chiffrés qu'ils génèrent, en arrivent à accorder plus d'importance au microprocesseur qu'à la lésion du travailleur. À la limite, on en vient, comme il arriva au cours du colloque mentionné précédemment, à se quereller sur des questions de méthodologie, dans une atmosphère intellectuelle tellement raréfiée que les chercheurs ne ressentent plus le besoin d'air ni d'un lambeau de ciel par-dessus les toits.

Ainsi, dans cet amphithéâtre étouffant, dont le seul avantage consistait à garder sous cloche le fracas des querelles suscitées par l'analyse factorielle, le travailleur malade ou accidenté n'avait pas voix au chapitre: le logiciel avait pris sa place, entre le chercheur et le réel. Pourtant, derrière le traitement sophistiqué des données, il y a la donnée même: l'accident, la lésion, la perte d'intégrité et, derrière la donnée, l'être humain, la victime, qui n'est pas un assemblage de microprocesseurs au silicium. Il ne s'agit peut-être que d'un rendez-vous manqué.

Les carrières scientifiques au féminin

Le combat pour la juste place des femmes dans la société occidentale s'engage presque toujours en porte-à-faux lorsqu'il essaie de s'appuyer sur des données scientifiques. La science, plus précisément la recherche expérimentale, n'y apporte que peu d'éléments valables. Nous savons bien, par exemple, que la vigueur musculaire, sauf exception, avantage les hommes plutôt que les femmes: on verrait mal ces dernières lutter pour être admises à part égale dans des concours d'haltérophilie ouverts aux deux sexes. En revanche, la résistance biologique des femmes est supérieure à celle des hommes, et son corollaire, la longévité, place les femmes au premier rang depuis qu'on en a établi les statistiques. Que les femmes soient supérieures par certains côtés et inférieures par d'autres (même si le concept de supériorité est relatif), c'est une notion bien établie mais qui demeure secondaire au discours féministe contemporain.

Notre propos vise ici la bataille féministe pour l'accès aux carrières, particulièrement aux carrières professionnelles. Nous ne sommes plus dans le domaine scientifique des différences biologiques mais sur le terrain culturel et social, où l'on retrouve, au-delà des argumentations rationnelles, des comportements d'autant plus tenaces qu'ils sont inconscients.

Le cas des carrières scientifiques en est un exemple frappant. À l'Université de Montréal, au début des années quarante, il y avait, en tout et pour tout, une seule étudiante à la faculté des sciences et une seule autre à la faculté de médecine. Aujourd'hui, dans cette dernière faculté, le nombre des étudiantes dépasse celui des étudiants; on les retrouve également, en nombre plus ou moins important mais toujours croissant, dans les autres facultés. Toutefois, cette image globale ne rend compte que d'une partie de la réalité. La société ne tolère pas également l'arrivée des femmes dans toutes les disciplines: des femmes médecins, soit, mais de préférence en pédiatrie ou en gynécologie, surtout pas en chirurgie; les techniciennes de laboratoire, les infirmières sont toujours bienvenues et l'on accepte l'entrée timide des diététiciennes en seconde zone, pourvu qu'elles laissent le champ libre aux biochimistes de la nutrition; dans les sciences humaines, les obstacles sont légers et l'on donne droit de cité aux psychologues et aux psychothérapeutes de toutes tendances, ainsi qu'aux sociologues et aux informaticiennes douces. Pour les disciplines dures: physique des solides, chimie industrielle, génie civil ou sciences nucléaires, ces dames sont priées d'attendre dans les antichambres de l'écologie ou de la psychopédagogie.

Ces quelques exemples montrent que l'accession aux carrières scientifiques reflète les priorités d'une société qui juge les hommes plus compétents et plus fiables que les femmes; le plan de carrière à l'intérieur d'une discipline donnée ainsi que le traitement salarial qui en est la conséquence participent de la même attitude discriminatoire. Pour ne citer que l'exemple américain (de toute façon, il nous sert toujours de modèle), il y a aux États-Unis trois fois plus de femmes que d'hommes qui, détenant un doctorat, sont quand même sans emploi; dans l'ensemble des diplômés universitaires, cinq fois plus de femmes que d'hommes travaillent à temps partiel. Les traitements initiaux sont maintenant identiques pour les deux sexes mais les promotions ainsi que les augmentations de salaire concomitantes favorisent davantage les hommes que les femmes. Même différence en ce qui concerne les distinctions honorifiques: depuis sa fondation en 1863, l'Académie nationale américaine des sciences n'a élu que cinquante-sept femmes sur deux mille six cent dix membres.

Même à l'intérieur des carrières scientifiques, les femmes demeurent des citoyennes de seconde zone, admises au sein de la communauté à la condition d'y jouer un rôle obscur, marqué davantage par le dévouement que par la conquête des postes et des pouvoirs. L'attitude de la communauté scientifique à l'égard des femmes qu'elle accepte en son sein n'a rien d'exceptionnel: on la retrouve dans toutes les autres professions. Née de comportements culturels séculaires, la discrimination à l'égard des femmes ne disparaîtra qu'avec l'habitude de la domination. D'ici là, on aura le temps de faire brûler beaucoup de soutiens-gorge.

La vocation scientifique

Si l'on en croit les sondages, la profession de chercheur scientifique jouit d'une grande faveur auprès de la population, surpassant même le prestige des juges et des hommes d'État. Néanmoins, toutes les disciplines scientifiques ne sont pas entourées de la même auréole: certaines, telle l'astrophysique, sont trop mal connues pour être appréciées à leur juste valeur; d'autres, notamment la chimie nucléaire, suscitent encore la crainte de quelque catastrophe; dans l'ensemble, la recherche biomédicale se tient dans le peloton de tête, à cause de l'espoir qu'elle fait miroiter de pouvoir guérir, à plus ou moins long terme, les maladies les plus redoutables.

Il est difficile de savoir si la perception populaire rejoint celle des praticiens de la science. Les astrophysiciens se sentent-ils moins utiles que les cancérologues? Les anthropologues se croient-ils supérieurs aux mathématiciens? Ce sont là des questions plutôt futiles; elles n'ont de sens que dans la mesure où elles permettent d'éclairer les motivations des chercheurs. Qu'est-ce qui pousse un individu à entreprendre une carrière scientifique et, par la suite, à la poursuivre dans telle ou telle direction?

Les réponses à cette question sont aussi variées que les personnes interrogées et les véritables motifs sont rarement révélés. Il m'est arrivé souvent, dans le milieu universitaire, de participer à des discussions sur les meilleures façons de susciter chez les jeunes ce qu'on nommait à l'époque des vocations scientifiques. Au cours de l'une de ces rencontres, un aîné respecté demanda la parole et affirma tranquillement que la notion de vocation scientifique n'existait pas; ce n'est qu'après coup, ajouta-t-il, que l'on pouvait retracer le cheminement d'une pensée et refaire les pas qui, de sinuosité en sinuosité, avaient amené un chercheur à son poste actuel. Les vocations, concluait-il, ne s'expliquent qu'a posteriori.

Un raisonnement du même genre pourrait s'appliquer à la genèse des grandes découvertes. Leur auteur ne sait trop comment ni dans quelles circonstances s'est allumée l'étincelle; lorsqu'il essaie d'en fournir une explication, il a recours le plus souvent à des discours déroutants. C'est le cas de Newton, qui prétendait avoir découvert la gravitation universelle en observant la chute d'une pomme; c'est Kekule, fondateur de la chimie organique cyclique, qui affirmait avoir été inspiré en rêve par des singes gambadant à la ronde en se tenant par la queue; c'est Einstein, qui faisait remonter ses réflexions sur la relativité au souvenir d'une petite boussole reçue en cadeau à l'âge de cinq ans; la liste pourrait s'allonger, au point qu'un grand mathématicien français a conclu que le rêve jouait une part prépondérante dans la genèse des découvertes scientifiques.

Ce n'est que dans de rares cas privilégiés qu'une carrière de chercheur scientifique se présente comme une suite brillante de découvertes remarquables. Dans le cours ordinaire des choses, c'est une carrière comme une autre, avec ses succès et ses déceptions, avec des appointements qui, au fil des ans, deviendront suffisants pour assurer une aisance relative et une retraite paisible; une carrière qui comporte, comme ailleurs, ses rivalités et ses luttes de pouvoir.

Dans certains milieux, il n'est pas de bon ton d'associer la recherche scientifique à des rivalités et à des luttes de pouvoir. Il règne autour de la démarche scientifique une auréole de rectitude et d'abnégation tendant à faire du métier de chercheur l'équivalent d'un sacerdoce. Quelques hommes de science essaient eux-mêmes de perpétuer cette mythologie, rendant ainsi un mauvais service à la cause scientifique; heureusement, ils sont en très petit nombre et la plupart d'entre eux avouent candidement n'être ni meilleurs ni plus vertueux que les autres professionnels. Les chercheurs éprouvent des émotions comme tout le monde: ils ne sont pas insensibles à la gloire ou aux honneurs; il leur arrive d'envier le succès de leurs confrères. L'examen d'un échantillon représentatif de chercheurs, au Canada, aux États-Unis ou dans quelque autre pays que ce soit, révélerait une population honorable, habitée par les mêmes motivations (surtout louables, parfois douteuses) que l'on trouve chez les autres groupes professionnels.

En réalité, rien ne distingue les chercheurs des autres travailleurs, outre leur champ d'activité, sinon la passion qui anime les meilleurs d'entre eux. C'est cette passion qui illumine les longues années d'apprentissage, qui soutient la patience devant les tâches monotones, qui pousse aux vérifications répétées jusqu'à la conviction, qui insuffle le courage de surmonter les échecs, qui accompagne les chercheurs tout au long de la vie comme une flamme fidèle.

Cette passion, devant laquelle pâlissent toutes les autres, figure en tête du premier ouvrage scientifique que j'ai lu adolescent. L'auteur était un géologue du nom de Pierre Termier. Le titre? *La Joie de connaître.*

Les vacances de la recherche

Chaque année, septembre ramène les écoliers en classe et les chercheurs au laboratoire. Pour les uns et pour les autres, la fin d'août a sonné la fin des vacances. Mais les chercheurs prennent-ils des vacances? Ne sont-ils pas plutôt acharnés du matin au soir, été comme hiver, à débusquer les secrets de la nature?

Si l'on en croit l'image fort répandue dans le public, image à laquelle plusieurs chercheurs se prêtent complaisamment, la recherche scientifique est une occupation tellement dévorante que ceux et celles qui s'y adonnent sacrifient même une partie de leur sommeil afin de demeurer dans le peloton de tête. La réalité est tout autre, même si l'image du travail à la chaîne est bien établie. Les chercheurs, comme tout le monde, prennent des vacances, et il est fort heureux qu'il en soit ainsi.

Lorsque j'ai fait l'apprentissage de la recherche expérimentale, au cours des années quarante, l'équipe dont je faisais partie se croyait obligée de travailler sans arrêt, même au plus fort de la canicule. Pour nous, l'enthousiasme et l'ardeur étaient prioritaires; j'avais parfois le sentiment que, même si nous avions travaillé à la morgue, nous aurions inscrit sur la porte: «Ici, le sourire est de rigueur.» Le soir, nous quittions rarement le laboratoire avant dix ou onze heures, y retournant le lendemain matin à huit heures et demie. À la fin de l'été, nous étions fourbus, notre productivité (comme on dit aujourd'hui) était à la baisse, et si nous pouvions reprendre la saison d'automne sans épuisement (le burn-out n'étant pas encore à la mode), c'est que nous tirions sur les réserves de notre vingtaine impétueuse, regardant d'un œil envieux nos confrères plus âgés qui revenaient bronzés, détendus, souriants.

J'ai compris plus tard que les vacances de la recherche étaient aussi nécessaires que celles de la construction ou de tout autre travail. J'ai compris également que, pour la plupart des chercheurs, les vacances ne consistaient pas dans l'oisiveté mais dans un changement d'activité intellectuelle. De nos jours, certains d'entre eux profitent de l'été pour rédiger les interminables demandes de subvention qu'ils présenteront à l'automne et dont l'octroi leur permettra de poursuivre leurs travaux; d'autres mettront au point la communication scientifique qu'ils destinent à quelque revue spécialisée, dans l'espoir de se voir publiés au printemps suivant.

L'été est la saison la plus favorable aux congrès scientifiques et aux colloques regroupés autour d'un thème central. Ces réunions sont la plupart du temps tenues dans des endroits agréables, parfois en pays étranger, et sont assorties d'excursions où l'on retrouve plus de participants qu'aux réunions d'atelier. Pour les jeunes chercheurs, c'est une occasion exceptionnelle de se faire connaître; il faut dire que l'essentiel des congrès ne consiste pas dans les communications scientifiques qui y sont présentées et que, de toute façon, l'on retrouvera dans les comptes rendus; les congrès sont avant tout l'occasion de prospecter ce marché du travail très spécialisé que constitue la recherche scientifique. C'est là qu'on recrute, c'est là qu'on embauche, c'est là qu'on passe d'un laboratoire à un autre en moussant sa carrière. C'est là que l'on met à jour le meilleur outil du chercheur: un bon carnet d'adresses et de numéros de téléphone.

Les colloques, beaucoup plus détendus, réunissent autour d'un thème précis des chercheurs chevronnés qui viennent discuter librement en présence de leurs cadets. Si le thème est rigoureux, comme c'était le cas récemment pour l'exploration du code génétique de l'espèce humaine ou pour le développement du système nerveux, le ton est plus familier. On se permet de formuler des hypothèses que l'on n'oserait pas soumettre à l'impression, on établit des ponts entre diverses disciplines, bref, on réfléchit à haute voix. Ce sont les vacances de l'esprit, ce sont les vacances des vrais chercheurs. Ce qui n'empêche personne d'aller pêcher à la ligne, occupation propice à bâtir des hypothèses en Espagne.

Les recherches du dimanche matin

Je parle ici d'un temps que les moins de trente ans ne peuvent pas connaître, le temps révolu où les scientifiques qui travaillaient dans les laboratoires de recherche, occupés à des travaux sérieux, se donnaient la fantaisie, le dimanche, d'aller effectuer des expériences sans conséquence pour le plaisir de vérifier des hypothèses dont ils avaient rêvé plus ou moins par jeu, dans des domaines habituellement éloignés de leurs préoccupations habituelles.

Ils étaient les chercheurs du dimanche matin, par analogie avec ceux qui, fonctionnaires, manœuvres ou professionnels, étaient connus sous le nom de peintres du dimanche parce qu'ils s'adonnaient à la peinture les jours de congé, sans pour autant créer des chefs-d'œuvre impérissables.

Les temps ont changé, les chercheurs du dimanche ne forment plus une catégorie distincte: ils publient dans des revues scientifiques, comme les autres; seule une lecture très attentive de la littérature peut les repérer; il m'arrive de sourire en dénichant l'un d'eux. Le chercheur scientifique du dimanche, c'est maintenant celui qui s'attache à un sujet farfelu, ou dont les expériences n'étaient pas nécessaires pour aboutir à une conclusion déjà évidente, ou dont les résultats soulèvent plus de questions qu'ils n'en résolvent. À titre d'illustration, voici une petite gerbe de travaux fantaisistes publiés récemment.

Dans le très sérieux *New England Journal of Medicine,* des chercheurs à l'Université de Lausanne ont voulu fournir une explication définitive de l'obésité qui sévit chez les fumeurs ayant renoncé à la cigarette. Il est bien établi que ces personnes connaissent une augmentation de poids; la diminution du risque en ce qui concerne le cancer du poumon devient en partie compensée par l'augmentation du risque de maladies cardio-vasculaires. On croyait que l'usage de la cigarette gratifiait les besoins liés à la phase orale et que son abstinence entraînait une hausse de l'appétit afin de satisfaire autrement les mêmes besoins. Il n'en est rien, affirment les chercheurs de Lausanne; il paraît que la consommation de tabac augmente la dépense énergétique d'environ deux cents calories par jour; en l'absence de tabac, cette dépense excédentaire devrait donc être compensée par une alimentation plus abondante. Or l'effet du tabac sur la dépense énergétique ne dure pas plus de vingt-quatre heures, si l'on en croit les mêmes chercheurs. On ne voit donc plus où est le problème de l'obésité; même si l'effet était durable, il suffirait que celui qui s'abstient de fumer diminue également sa ration alimentaire quotidienne de deux cents calories. Un fil a peut-être échappé aux chercheurs du dimanche, qui leur est revenu le lundi matin, mais nous n'en saurons rien.

En saurons-nous davantage sur les vertus de ces cures d'eau minérale que les gens vont prendre dans les stations thermales? Les unes sont vantées pour leurs vertus diurétiques, les autres pour les dermatites, ou pour le foie, ou pour la fécondité. Afin d'en avoir le cœur net, des chercheurs, qui ont publié leurs travaux dans le *British Medical Journal,* ont transporté dans une piscine cinq cents gallons d'eau minérale tirés de la station de Bath, en Angleterre. Dans cette piscine chauffée à la température du corps, ils ont immergé jusqu'au cou quatre hommes et deux femmes de bonne volonté. Ils ont mesuré des sels minéraux tels que le sodium et le potassium, ainsi que d'autres constituants du sang. Ils ont conclu que, dans l'ensemble, les résultats semblaient bénéfiques. Ils ont surtout conclu qu'en plongeant les mêmes volontaires dans l'eau du robinet ils obtenaient exactement les mêmes résultats.

En guise de dessert, voici des travaux sur les expériences olfactives des rats mâles nouveau-nés comparées à leurs préférences sexuelles à l'âge adulte. Si l'on badigeonne de citral (l'essence synthétique de citron) les glandes mammaires de rates femelles qui allaitent, les ratons ainsi exposés n'oublieront pas de sitôt le parfum de leur enfance. Plus tard, si on leur donne le choix de deux groupes de femelles, le premier constitué de femelles intactes servant de témoin, le second formé de femelles dont les parties génitales ont été préalablement badigeonnées de citral, les rats mâles vont délaisser les femelles intactes et se précipiter sur les femelles parfumées au citral. Cela tombe sous le sens pour peu qu'on réfléchisse à la persistance de la mémoire olfactive, mais les extrapolations sont troublantes. Si ces résultats sont applicables à l'espèce humaine, comme on veut le faire croire, on peut en déduire que les hommes auront tendance à marier les femmes dont l'odeur évoquera celle de leur propre mère quand ils étaient petits. Mais les parfums changeant de mode avec le temps, la jeune femme qui veut choisir un mari fera peut-être bien de s'enquérir auprès de sa future belle-mère de quel parfum elle se servait lorsque le futur conjoint était au biberon. À moins que ce soit le père qui ait donné le biberon, fleurant bon la lotion virile après rasage, ce qui rendrait assez équivoques les préférences du garçon.

Au fait, ces expériences fragiles méritaient-elles d'encombrer la production scientifique, déjà pléthorique? Leurs auteurs auraient sans doute eu intérêt à leur réserver le sort éphémère que le poète attribuait aux roses qui n'ont vécu que l'espace d'un dimanche matin.

Le cannibalisme, mythe ou réalité?

Freud a sans doute été le premier à faire remarquer que les tabous les plus terrifiants étaient en même temps ceux qui exerçaient la fascination la plus constante. Il parlait des tabous sexuels, bien entendu, comme celui de l'inceste ou celui du commerce charnel avec les animaux; mais l'horreur mêlée d'attirance qui s'attache aux tabous concerne également le tabou relié à la consommation de viande humaine.

Il y a quelques années, Bruno Bettelheim, spécialiste de la psychanalyse infantile, avait montré l'importance accordée au cannibalisme dans les contes destinés aux petits enfants, citant le cas du loup dans *Le Petit Chaperon rouge* ou de l'ogre dans *Le Petit Poucet.* On prétend même que les mères qui caressent leur bébé joufflu et fessu en disant l'aimer au point de vouloir le manger pratiquent un cannibalisme symbolique. Mais à ce jeu tous les amants seraient des cannibales d'intention. Symbolique ou non, le cannibalisme est une vieille croyance. Dans des écrits datant de la Grèce antique, on trouve des histoires qui déjà font état de cannibalisme de la part de tribus jugées barbares. Le Moyen Âge, familier des sortilèges et des contes à faire peur, abonde en récits de ce genre. Au XVIe siècle, Montaigne, tout sérieux et tout crédible qu'il puisse être, affirme dans un chapitre des *Essais,* sur la foi d'un contemporain revenu d'Amérique du Sud, que les tribus de ces régions consomment volontiers de la chair humaine au cours de leurs sacrifices rituels. D'ailleurs, le mot «cannibale» vient du nom espagnol d'une île des Caraïbes habitée, disait-on, par des anthropophages. Et l'on nous apprenait, à l'école primaire, que les méchants Iroquois dévoraient le cœur de leurs ennemis capturés. De cette longue tradition, orale et écrite, semble se dégager la constante suivante: quel que soit le pays, personne n'admet avoir mangé son compatriote; les cannibales sont toujours des ennemis, ou des ancêtres obscurs.

Il y a une dizaine d'années, l'anthropologue américain William Arens s'était livré à une recherche exhaustive afin de vérifier les témoignages anciens ou contemporains relatifs à l'anthropophagie. Il en était arrivé à la conclusion qu'il s'agissait toujours de récits de seconde main et jamais de témoignages directs de cannibalisme. La seule exception est celle d'un équipage dont l'avion s'est écrasé dans les Andes au cours des années soixante-dix et dont l'une des victimes a été en partie dévorée par les survivants. Mais c'était, si l'on ose dire, un cannibalisme de dernière extrémité. Avec la parution de son ouvrage sur le mythe du cannibalisme, Arens croyait avoir mis fin à la légende; au contraire, son ouvrage a été le point de départ d'une nouvelle querelle à laquelle sont mêlés des anthropologues et même un neurologue, Carleton Gadjusek, qui a reçu le prix Nobel pour ses travaux sur une maladie neurologique très rare connue sous le nom de kuru et qu'il avait étudiée en Nouvelle-Guinée. C'est ici que l'histoire se corse.

La Nouvelle-Guinée est, en effet, un pays où se pratique encore le cannibalisme, si l'on en croit la sérieuse *Encyclopedia Britannica.* L'anthropologue Margaret Mead, qui avait d'abord abondé dans le même sens, a déclaré par la suite qu'il s'agissait d'histoires d'un temps passé. Quant au neurologue Gadjusek, après avoir observé que le kuru existait en Nouvelle-Guinée à l'état endémique, il avait cru pouvoir en donner l'explication dans la consommation de cerveaux humains par les indigènes au cours de pratiques cannibales. Le kuru étant une maladie à virus qui s'attaque au cerveau, il avait là une réponse toute trouvée à la propagation du virus.

Gadjusek se retrouve donc au sein de la minorité d'anthropologues pour qui le cannibalisme est une réalité. Il affirme même qu'il possède des photos révélatrices de pratiques cannibales. Ce qui est troublant, c'est que Gadjusek refuse de les montrer à quiconque, prétextant qu'elles sont trop horribles pour être publiées. On peut se demander pourquoi il les a prises et pourquoi, les ayant prises, il les a conservées. Il faut dire à sa décharge qu'il n'a pas reçu le prix Nobel pour avoir découvert le cannibalisme, même s'il a imaginé une méthode de propagation virale inconnue jusqu'à maintenant: la consommation humaine.

Moralités

Les prématurés et la responsabilité médicale

Voici un récit à tiroirs, une histoire gigogne, comme ces tables qui s'emboîtent les unes dans les autres, une histoire qui montre dans quelles impasses peut s'engager la recherche biomédicale lorsqu'elle confond les simples corrélations avec les relations de cause à effet.

Cette histoire met en scène des néonatalogistes américains. Les néonatalogistes sont des spécialistes qui ont succédé aux pédiatres, lesquels avaient pris la place des anciens médecins de famille qui pratiquaient aussi des accouchements. Les nouveaux spécialistes des nouveau-nés, ou plus exactement des prématurés, sont affolés parce qu'ils font l'objet de poursuites en dommages pour *malpractice,* pour incurie comme on peut dire en français. Ces poursuites judiciaires sont intentées par les parents à cause d'une maladie de la rétine qui frappe un certain nombre de prématurés, une rétinopathie entraînant la cécité. De façon générale, les poursuites en dommages contre les médecins, aux États-Unis et plus récemment au Canada, menacent sérieusement la profession. Non seulement elles sont accueillies favorablement par les tribunaux, mais elles entraînent des hausses considérables dans les primes d'assurance; beaucoup de médecins s'abstiennent de poser des gestes médicaux hasardeux, afin d'éviter les recours judiciaires éventuels. Le cas des néonatalogistes n'a rien pour les rassurer, comme on va le voir.

Depuis le début des années quarante et jusqu'au milieu des années cinquante, le traitement classique, dans le cas des bébés prématurés, consistait à les garder en pouponnière, en leur faisant respirer, pendant vingt-huit jours, un air enrichi contenant cinquante pour cent d'oxygène. En 1955, des chercheurs américains s'avisèrent de publier une étude dans laquelle ils laissaient entendre que l'administration d'oxygène à cinquante pour cent était peut-être associée à la recrudescence de rétinopathies que l'on observait depuis quelque temps. Les néonatalogistes, qui n'étaient encore que des pédiatres, délaissèrent le traitement classique en diminuant de façon variable le pourcentage d'oxygène administré aux prématurés. Personne n'a su pendant trente ans si la mesure avait eu des effets bénéfiques; il n'existe aucune étude systématique de l'incidence des rétinopathies chez ces bébés.

Il semble toutefois que l'on assiste à une nouvelle augmentation notable du nombre de cas de cécité des nouveau-nés, si l'on en juge par le nombre de poursuites judiciaires. Quelle en est l'incidence exacte? On ne le sait pas non plus, car personne ne veut parler: ni les spécialistes ni les directeurs d'hôpitaux. Comme le disait récemment un néonatalogiste: «Si l'on en croit les plaignantes et leurs avocats, même l'air normal des chambres de maternité contient trop d'oxygène!»

Bientôt, on incriminera la lumière. Dans une livraison récente du respectable *New England Journal of Medicine,* le professeur Silverman a constaté qu'il y avait peut-être une relation entre la cécité des prématurés et l'intensité de la lumière dans les pouponnières. Dans les semaines qui ont suivi la parution de l'article, le bureau de Silverman a été envahi par des parents et par des procureurs en mal de poursuites. Dans l'espoir de ramener le calme, les néonatalogistes ont décidé de refaire à neuf l'étude de 1955 dans l'espoir de trouver autre chose, car la rétinopathie, paraît-il, n'est plus ce qu'elle était. On suggère aussi de donner de la vitamine E afin de neutraliser les effets de l'oxygène, sans disposer de preuves suffisantes dans un sens ou dans l'autre. On a même entrepris un traitement d'avant-garde contre la rétinopathie en utilisant la cryogénie pour congeler le pourtour de la rétine des prématurés à haut risque, afin de freiner la prolifération des vaisseaux sanguins. Malheureusement, on ne sait trop à quel moment intervenir; il y a des risques à le faire trop tôt, ou trop tard. Comme le dit un des spécialistes: «C'est une idée qui est née du désespoir.»

Il était plein de sagesse, le vieux proverbe qui affirmait: «Dans le doute, abstiens-toi.»

Les précipitations de la météo

Le mot «précipitation» possède deux significations bien distinctes: la première, acceptée par le dictionnaire il y a environ cent ans, désigne la chute d'eau en provenance des nuages: pluie, neige ou grêle, dont les climats tempérés ne se montrent pas avares; la seconde, au figuré, exprime la hâte ou l'empressement exagéré. Les caprices de notre climat ont créé chez nous une espèce de névrose nationale appréhendée au sujet des prévisions du lendemain ou de la fin de semaine à venir; les météorologistes qui occupent régulièrement les ondes de la radio et de la télé ont essayé de répondre à cette obsession en offrant des prédictions fondées sur des modèles simplifiés de la réalité atmosphérique: température, pressions, déplacements de masses d'air.

Il est incontestable que les météorologistes ont rendu service à beaucoup de personnes dont l'activité du lendemain dépend de l'état du ciel, surtout à celles qui travaillent en plein air, qui doivent voyager, ou même aux rêveurs qui veulent savoir s'il a neigé à Port-au-Prince. Malheureusement, depuis quelques années, l'attente des citoyens, parfois capricieuse, et la réponse des météorologistes, souvent prophétique dans son ton, ont créé une relation qui est presque devenue sado-masochiste. Une partie des citoyens se comporte en effet comme si les porte-parole de la météo étaient investis d'un pouvoir magique: des présentateurs radiophoniques implorent les météorologistes de promettre du beau temps, ou expriment leur déception devant ce qu'on leur propose. Enhardis par cette soumission, certains météorologistes annoncent le beau temps comme s'ils dispensaient une faveur et prédisent le mauvais temps en affirmant que ce n'est pas leur faute.

Deuxième aspect, encore plus révélateur, de ce paternalisme, non pas imposé, mais suscité et accepté: la transformation d'un savoir météorologique imparfait en une doctrine qui se présente, en dépit d'une marge d'erreur importante, comme la possession ésotérique d'une certaine vérité scientifique. Toutes les observations naturelles que l'on pourrait faire, sans recourir aux cartes météorologiques, sont considérées comme des superstitions ou, vous l'avez déjà entendu, comme de la «bouillie pour les chats». Il n'est pourtant pas loin le temps où ceux dont la subsistance dépendait de la prévision du lendemain, bien avant l'invention des ordinateurs de la météo, interrogeaient le ciel et les nuages avant de décider d'aller en mer ou de faucher l'avoine. Certains cultivateurs — mais ce doit être une coutume héritée de la grande noirceur du Moyen Âge — calculaient le temps des semailles de façon à ce que la graine, une fois germée dans l'obscurité du sillon, apparaisse à l'air libre au moment où la lune s'approche de son plein, afin que la jeune pousse puisse profiter du maximum d'éclairement. La lune, désormais, n'est plus un objet météorologique: des savants ont marché dessus; il n'y a rien là, comme on dit familièrement.

Troisième aspect qui touche aux rapports entre le savoir d'en haut et le savoir d'en bas: toute doctrine trop catégorique finit par engendrer le doute, puis l'opposition. On l'a bien vu chez nous à propos du cléricalisme. Dans le cas de la météo, les gens se sont mis à douter de la justesse des prévisions et à relever les erreurs de prophétie. La riposte officielle a été triple: on a annoncé la mise au point d'un superordinateur qui établira des prévisions une semaine et bientôt un mois à l'avance, comme le fait depuis longtemps le *Bulletin des agriculteurs;* dans un deuxième temps, on a censuré sur les ondes la discussion des erreurs de la veille; enfin, on a assorti les prévisions de pluie ou de neige d'un coefficient statistique qui ne veut scientifiquement rien dire pour le lendemain mais qui impressionne les exclus du savoir.

Il ne reste plus qu'à inventer la loto-météo: on saurait à l'avance que les perdants y sont plus nombreux que les gagnants.

La violence faite aux animaux

La première fois où j'ai failli tourner de l'œil dans un laboratoire, c'était devant un chat spinal à l'Université de Montréal. Un chat spinal, c'est un chat dont on a sectionné le cou et qui demeure en vie branché sur un respirateur. Ce chat décapité, si on lui frappe la plante des pattes à l'aide d'une planchette, exécute des mouvements de course tout comme le ferait un chat ordinaire au contact du sol. Notre professeur enseignait par là que les mouvements d'un chat à la course sont purement automatiques: ce sont des réflexes moteurs qui originent dans la moelle épinière et qui n'ont rien à voir avec le cerveau.

Une autre fois, c'était dans un laboratoire de neurologie du M.I.T. (Massachusetts Institute of Technology). Un macaque était attaché à un petit fauteuil, pieds et mains liés. Sur sa tête était fixé un bloc métallique en forme de cylindre, prolongé vers le bas par une électrode enfoncée dans le cerveau à la profondeur désirée: un appareil de stéréotaxie. On l'utilise en recherche neurologique, soit pour enregistrer l'activité de telle structure profonde de l'encéphale, soit pour la stimuler électriquement et en observer les effets, y compris le déclenchement de manifestations aussi violentes que la terreur ou la rage.

Le chat, c'était pour l'enseignement; le macaque, c'était pour la recherche.

Je me suis toujours demandé pourquoi on n'utilisait pas des techniques moins brutales ou pourquoi, lorsque c'était possible, on ne soumettait pas les animaux à l'anesthésie générale avant de procéder à l'expérimentation. Ces exemples, et d'autres aussi frappants, me sont revenus à l'esprit en lisant récemment dans la revue américaine *Science* le récit du cambriolage d'un laboratoire de recherche de l'Université de Pennsylvanie. Ce laboratoire, subventionné par l'Institut national américain de la santé, se spécialise depuis 1982 dans l'étude des traumatismes crâniens survenus à l'occasion de collisions frontales entre automobiles; le sujet expérimental est le babouin. Afin de reproduire l'effet de la collision, le babouin, comme c'est l'usage, est solidement attaché à un fauteuil, la tête entourée d'un casque comme en portent les motards. Brusquement, on déclenche un piston qui assène au crâne du babouin un coup simulant l'effet du «coup de fouet» observé parfois dans les collisions. Dans le cas du babouin, il s'agit soit d'une commotion cérébrale, soit d'un coma plus ou moins prolongé.

À Philadelphie, les amis des bêtes ont protesté contre ce genre d'expériences, alléguant que les chercheurs ne montrent aucune compassion à l'égard des babouins et qu'ils font preuve de négligence, ne serait-ce qu'en ne pratiquant pas d'anesthésie avant l'expérience. Les chercheurs impliqués ont nié ces accusations; leur protocole expérimental, ont-ils soutenu, est adapté à la compréhension des traumatismes crâniens et à la façon de les soigner. Dans l'intention de documenter leurs accusations, les amis des bêtes — des antivivisectionnistes, si l'on veut — ont pénétré récemment dans les laboratoires de l'Université de Pennsylvanie; ils se sont emparés d'enregistrements magnétoscopiques réalisés par les chercheurs en cours d'expérience. La diffusion de ces documents audio-visuels aux États-Unis a créé un tel choc que l'Institut national de la santé a décidé de suspendre ses subventions à l'Université en attendant les résultats d'une enquête approfondie. Le directeur de l'équipe de recherche a déclaré candidement: «Je suis vraiment surpris; je ne comprends pas.»

Il y a de quoi demeurer perplexe, car l'univers de la non-violence apparaît parfois aussi ambigu que celui de la violence. Ainsi, le mouvement antivivisectionniste est né en Angleterre au milieu du siècle dernier, dans une société célèbre pour son amour des animaux domestiques mais où se commettaient les homicides les plus sanglants. La même ambiguïté persiste à notre époque: on proteste contre la chasse aux blanchons mais on mange du bœuf; on devient végétarien par pitié à l'égard des animaux mais on écrase les insectes; les partisans de la peine de mort sont contre l'avortement. En vérité, l'homme est un être déraisonnable.

La fraude scientifique

Accuser de fraude un chercheur scientifique, c'est presque aussi grave que de prétendre que le chef des pompiers est pyromane ou que la Croix-Rouge est infiltrée par des vampires. La fraude scientifique existe mais elle est extrêmement rare; c'est pourquoi, lorsqu'elle est découverte, elle scandalise les témoins.

Le cas le plus célèbre est sans doute celui de Sir Cyril Burt, pionnier des travaux sur les tests d'intelligence, dont on a découvert après sa mort qu'il avait falsifié une partie de ses données expérimentales pour les rendre conformes à ses hypothèses. Plus près de nous, la fraude de Summerlin, brillant chercheur de l'Institut Sloan-Kettering de New York, est encore plus étonnante. Summerlin avait entrepris de prouver à son patron, le docteur Robert Good, que l'on pouvait greffer des fragments de peau de souris noires sur le dos de souris blanches, ce qui devait constituer une grande percée dans le domaine des transplantations. Quelques mois plus tard, Summerlin montra à Good des souris blanches tachées de poil noir. Good, affreusement pressé comme toujours, le crut sans examiner davantage les souris. Ce sont des copains de travail de Summerlin qui, devenus soupçonneux, découvrirent la supercherie. Celle-ci était grossière: Summerlin avait badigeonné les souris blanches à l'aide d'un crayon feutre. Good, le patron, fut à un doigt de perdre son poste; il a depuis quitté l'Institut. Quant à Summerlin, il fut contraint non seulement de démissionner mais de renoncer définitivement à la recherche scientifique.

J'ai personnellement connu, au cours des années quarante, un jeune chercheur qui a séjourné à l'Université de Montréal avant d'aller travailler dans un laboratoire américain de recherche. Je suivais avec passion ses publications scientifiques, approuvées par le comité de lecture d'une prestigieuse revue scientifique américaine. À cette époque, dans les milieux canadiens ou américains qui faisaient partie de mon univers intellectuel, la mode était aux relations entre l'action physiologique de la vitamine C et celle des hormones de la glande surrénale, du type corticoïde. On essayait de percer le mystère de cette curieuse ressemblance lorsque parut, dans la même revue, la description d'une présumée nouvelle molécule identifiée par mon ancien confrère, molécule formée de vitamine C et d'hormone surrénalienne. Cette publication provoqua un grand choc dans le monde restreint des spécialistes, choc rapidement dissipé par la révélation qu'il s'agissait d'une supercherie. Inutile d'ajouter que le jeune fraudeur disparut à tout jamais de la circulation académique.

Ces souvenirs me sont revenus à l'occasion d'un récent symposium organisé par l'Association américaine pour l'avancement des sciences, à Los Angeles. Pour la première fois dans l'histoire, le colloque portait sur la fraude dans la recherche scientifique et, plus précisément, sur les motifs qui la suscitent. Elle n'est pourtant qu'un phénomène épisodique et ses auteurs y gagnent rarement un avantage durable, car la communauté scientifique est vigilante à cet égard et toute preuve de fraude entraîne inévitablement le bannissement du coupable.

Si l'on en croit les participants au symposium, c'est la pression psychologique exercée sur les chercheurs qui les pousse à publier à la hâte, sans effectuer toujours les vérifications nécessaires. Par exemple, dans le cas du fraudeur Summerlin, au cours des cinq années qui ont précédé sa démission, le groupe dont il faisait partie avait publié — c'est incroyable — trois cent quarante articles originaux de recherche, tous portant évidemment la signature du patron Robert Good. Dans une telle atmosphère de surchauffe, il n'est pas étonnant que les chercheurs les plus fragiles, dans leur hâte d'accumuler les publications afin de mousser leur carrière, en négligent l'élément essentiel: la rigueur scientifique.

La minorité silencieuse

Quelques années avant sa mort, le général de Gaulle, qui avait le don des formules, avait lancé ce mot désabusé: «La vieillesse, quel naufrage!» Lui-même ne présentait pourtant aucun des signes extérieurs de la décadence physique ou intellectuelle — il est d'ailleurs mort à 78 ans, d'un simple arrêt cardiaque — mais il avait perdu sa vigueur d'autrefois; à quelqu'un qui s'inquiétait de sa santé au terme d'une longue cérémonie, il avait répondu: «À partir d'un certain âge, on est toujours fatigué.»

Ces deux phrases illustrent l'attitude qu'adoptent la plupart des gens à l'égard des survivants de la soixantaine: on accepte qu'ils soient naufragés du muscle ou du cerveau, prétexte à les ranger à l'écart de la société; s'ils persistent, on exige qu'ils affichent la même santé, la même belle humeur, la même forme qu'à trente ans. Tout se passe comme si la vie ressemblait à une course de fond: on a le droit de s'y écrouler en milieu de parcours, mais il est malséant de courir moins vite que les autres. Le ralentissement est mal toléré: comme disait l'autre, la tolérance, il y a des maisons pour ça.

Les maisons pour personnes âgées étaient autrefois des asiles ou des hospices; sacrifiant à la mode qui tend à masquer les réalités déplaisantes sous le fard des euphémismes, on les nomme maintenant des maisons d'accueil, ce qui donne à entendre qu'on va bien s'occuper de ces personnes privées de leur milieu familial. S'en occuper de quelle façon? Il faut avouer que le sujet n'est pas très à la mode. À moins d'être abonné à des revues scientifiques hautement spécialisées, comme les Annales de gérontologie, on n'entend guère parler des besoins des personnes âgées ou des attitudes qu'il convient d'adopter à leur égard. Mise à part la maladie d'Alzheimer, dégénérescence cérébrale de type beaucoup plus rare qu'on ne le répète généralement, la situation des vieux et des vieilles dans la société contemporaine ne semble pas préoccuper outre mesure les générations montantes. C'est pourquoi l'étude récente d'une psychologue américaine de l'Université Yale, Judith Robin, arrive à point pour résumer l'état de la question.

L'observation la plus importante de Judith Robin, c'est qu'il existe chez les vieillards des deux sexes une très grande variabilité des conditions physiologiques et psychologiques par rapport à celles du monde adulte. Ils ne vieillissent pas tous de la même façon ni de manière régulière. Certains d'entre eux, ayant renoncé à lutter, tolèrent mal qu'on les pousse à s'activer, à faire de la culture physique ou à participer à des séances d'animation collective; ils en deviennent littéralement malades, stressés, agressifs. D'autres, ils sont la majorité, réclament la plus grande autonomie possible, en accord évidemment avec leur condition physique: par exemple, ils veulent s'habiller et s'alimenter seuls, sans qu'on les paralyse à force de prévenances. Dans les deux cas, les vieillards demandent à être traités comme des personnes humaines et non comme des numéros au sein d'une catégorie définie une fois pour toutes par les plus jeunes. Or, la plupart du temps, dans ces maisons d'accueil, on leur crie à tue-tête parce qu'on les croit tous sourds; on leur martèle des commandements répétitifs comme si on s'adressait à des débiles mentaux; on les rabroue lorsqu'ils n'obéissent pas au doigt et à l'œil. Contrairement à cette attitude trop répandue, les recherches citées par Judith Robin établissent clairement que, à l'exception des cas qui ont régressé au point de s'abandonner entièrement aux soins hospitaliers, les personnes âgées résistent d'autant mieux à la dégénérescence et aux afflictions qu'elles jouissent d'une plus grande marge de manœuvre, d'une plus grande autonomie quotidienne. À ces âges avancés, la discipline, l'uniformité et l'obéissance ne sont pas les meilleures méthodes pour conserver leur santé et, plus simplement, pour vieillir en paix le reste de leur temps.

La recherche biomédicale a abandonné depuis longtemps le mythe de la fontaine de Jouvence; seuls quelques charlatans en font encore miroiter la potion magique. La réalité est austère: le pourcentage d'individus âgés de plus de 65 ans atteindra le quart de la population d'ici deux générations. Le problème de la qualité des soins à leur prodiguer va devenir un défi majeur au double point de vue psychologique et social, car l'État n'aura plus assez de ressources pour le faire avec dignité. Quelle que soit la solution, s'il en existe une qui soit honorable, elle devra être fondée sur une meilleure connaissance de ce que c'est que d'entrer en vieillesse. À l'époque où le vieux maréchal Pétain dirigeait la France, après la défaite militaire de 1940, ses adversaires avaient exhumé une phrase de l'écrivain Charles Péguy, écrite trente ans plus tôt. «Les vieillards, affirmait-il, ont droit au respect; ils n'ont pas droit au commandement.» La phrase de Péguy a été appliquée après coup au vieux chef militaire; il a été privé du respect aussi bien que du commandement.

La solution consisterait peut-être à appliquer à tous les âges de la vie cette formule à la mode: il faut être de son temps. Que les jeunes soient de leur temps et que les vieux soient de leur temps, eux aussi.

Entre la bombe et l'orchidée

La curiosité scientifique s'exerce à l'égard de tout ce qui existe: elle décrit, elle analyse, elle classifie, étendant son empire aux objets matériels, aux êtres vivants, aux phénomènes dont ils sont le lieu et aux rapports qu'ils présentent entre eux. Ambitieuse, elle essaie de parvenir à la connaissance; impuissante à y accéder, elle propose des explications et des modèles, elle tente des prédictions, elle construit un monde imaginaire à l'image du monde réel.

Louable curiosité, illusoires tentatives. En dépit de siècles d'observations et de recherches expérimentales, de théories successives et d'applications vertigineuses, le chercheur demeure toujours un locataire à l'intérieur de la caverne imaginée par Platon: la réalité des molécules, celle des orbites célestes, l'infiniment petit, l'infiniment grand et l'infiniment complexe ne lui sont compréhensibles que par des ombres chimériques projetées sur la paroi. Il se nourrit de ce qui l'épuise.

Chimères de bombe meurtrière ou de fleur délirante, les objets de la curiosité scientifique échappent à toute censure morale en autant qu'ils ne visent à assouvir que cette passion dévorante. À l'intérieur de la caverne, on peut estimer du même regard le chercheur qui démonte inlassablement le mécanisme complexe destiné à libérer un nuage neurotoxique, et le botaniste éloigné des soucis quotidiens, dont l'énergie se consume à pénétrer les mystères de la reproduction sexuelle chez l'orchidée; l'un et l'autre s'amusent à contempler leurs chimères favorites.

Mais il n'y a pas que la caverne où se tient la curiosité scientifique; il y a le monde extérieur de la vie quotidienne, où attendent des femmes et des hommes persuadés, à tort ou à raison, que leur destin se joue à l'intérieur et qui en guettent les nouvelles. Dans la vie de tous les jours, la pratique scientifique, voie imparfaite de connaissance, se justifie en ce qu'elle offre des moyens d'agir, d'améliorer, d'inventer, de guérir. «La science, écrivait Paul Valéry, est une série de recettes qui réussissent.» Qui réussissent à construire le monde ou à le détruire; parfois, dans l'intervalle, à le rêver. Le chercheur ne saurait donc quitter la caverne aux chimères sans franchir le portillon de la responsabilité sociale.

«Le chercheur qui se déclare innocent des conséquences pratiques de ses découvertes devrait être congédié pour incompétence», affirmait le biochimiste Erwin Chargaff. Pareil jugement n'est excessif que dans les seuls cas, beaucoup plus rares qu'on ne l'affirme généralement, où les recherches débouchent sur des applications que nul n'aurait su imaginer. De façon courante, l'innocence du chercheur est illusoire, comme l'était celle de ce professeur de Harvard qui découvrit le napalm dans ses heures de loisir, ou celle d'Einstein qui étouffa sa conscience pour des motifs idéologiques et s'en repentit publiquement par la suite. La vertu réservée aux chercheurs et le vice aux utilisateurs des découvertes, c'est une vieille fable qui ne trompe plus personne.

La curiosité étant affaire de goût personnel, entre la bombe et l'orchidée, je choisirai la fleur; et si l'on m'accorde un choix supplémentaire, je prendrai le parti de l'homme.

Index

Table des matières

Achevé d'imprimer au Canada
Imprimerie Gagné Ltée Louiseville